嵌入式系统应用与开发实例教程

主　编　娄　敏　彭雪峰　李欢欢
副主编　赵　英　叶大伟　徐　敏　谢华伟

北京理工大学出版社
BEIJING INSTITUTE OF TECHNOLOGY PRESS

图书在版编目（CIP）数据

嵌入式系统应用与开发实例教程 / 娄敏，彭雪峰，
李欢欢主编. -- 北京：北京理工大学出版社，2023.11
ISBN 978 - 7 - 5763 - 3242 - 1

Ⅰ．①嵌… Ⅱ．①娄… ②彭… ③李… Ⅲ．①微型计
算机 - 系统开发 - 教材 Ⅳ．①TP360.21

中国国家版本馆 CIP 数据核字（2023）第 249448 号

责任编辑：封 雪　　　　文案编辑：封 雪
责任校对：刘亚男　　　　责任印制：施胜娟

出版发行 / 北京理工大学出版社有限责任公司
社　　址 / 北京市丰台区四合庄路 6 号
邮　　编 / 100070
电　　话 / (010) 68914026（教材售后服务热线）
　　　　　　 (010) 68944437（课件资源服务热线）
网　　址 / http：//www. bitpress. com. cn

版 印 次 / 2023 年 11 月第 1 版第 1 次印刷
印　　刷 / 三河市天利华印刷装订有限公司
开　　本 / 787 mm × 1092 mm　1/16
印　　张 / 15.5
字　　数 / 362 千字
定　　价 / 72.00 元

前 言

嵌入式技术是电子计算机领域的热门前沿技术，嵌入式课程是电子信息工程技术、应用电子技术、电气自动化技术、物联网等电子计算机类专业的核心必修课程。笔者长期从事嵌入式课程的教学，在教学过程中发现学生存在学习难度大、入门不易的现状。基于此，笔者结合近年来的嵌入式系统授课经验，构建一本适宜入门的嵌入式教材，教材中遴选嵌入式系统最基础、最重要的一些资源进行实例化讲解，采用新形态活页式教材形式，以帮助读者快速入门嵌入式开发领域。

本书按照知识递进、难度递增的原则组织教学内容，采用"任务驱动"的编写模式，突出"做中学"的基本理念，介绍嵌入式系统的基本概念、编程技巧等内容，在帮助读者理解嵌入式系统重要概念的基础上培养读者分析和解决问题的能力。

全书共分 8 个项目，分别介绍 I/O 端口、定时器、外部中断、数码管、串口、AD、DMA、PWM 等内容，每个项目分别围绕一个嵌入式核心知识点展开。本书各项目均以范例为导引展开学习，通过介绍范例项目的实现过程及其涉及的关键知识点，帮助读者掌握范例项目的设计开发流程；随后介绍本项目延伸的知识点进行学习拓展；最后再通过活页式任务训练帮助读者巩固所学知识，任务训练中包含需要读者实践的知识点和成绩评定内容。

本书内容衔接模拟电子技术、数字电子技术、单片机技术、C 语言等课程，每个项目都增加了拓展任务训练，将价值塑造、职业素养、工匠精神等贯穿在项目中，引导读者积极向上。

本书由娄敏、彭雪峰、李欢欢担任主编，赵英、叶大伟、徐敏、谢华伟担任副主编。

由于编者水平有限，书中难免有疏漏和不妥之处，恳请广大读者和专家批评指正。

编 者

目 录

项目一

设计 LED 指示灯

项目背景

嵌入式系统是高端智能化工业设备的核心组成部分，通过本项目的学习可熟悉嵌入式系统的基本概念及软件平台开发环境，从而为深入学习现代化产业体系下的嵌入式技术奠定基础。

项目目标

1. 熟悉嵌入式系统的基本概念。
2. 熟悉 KEIL5.0 软件程序的设计开发流程。
3. 熟悉 PROTEUS 仿真电路图的设计开发流程。
4. 掌握 LED 指示灯控制的工作原理。
5. 掌握 LED 指示灯控制的程序设计方法。

职业素养

学习改变观念，观念改变行动，行动改变命运。

任务　LED 指示灯设计

任务目标
①掌握 LED 指示灯的工作原理。
②掌握在 KEIL5.0 中 STM32 输出端口的配置方法。
③掌握控制 LED 指示灯点亮的程序设计方法。

任务描述
设计一个 LED 仿真项目，通过程序的设计可控制 LED 指示灯点亮。
项目运行平台：PROTEUS8.9。

软件开发平台：KEIL5.0。

MCU 芯片选用：STM32F103R6。

LED 指示灯控制端口：STM32 的 PA8 端口连接到 LED 指示灯的阴极，LED 指示灯的阳极通过上拉电阻连接到正电源。

具体要求：任务运行后，LED 指示灯点亮。

任务实施

（1）电路设计

1）新建工程

打开 PROTEUS 软件，如图 1－1 所示。

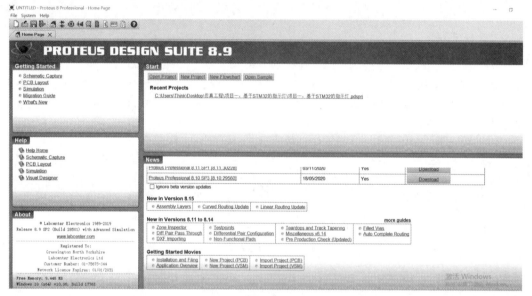

图 1－1

随后鼠标左键单击标题栏中的"File"选项，在弹出子菜单之后再次鼠标左键单击"New Project"选项，进入如图 1－2 所示界面，在图 1－2 中的标记 1 处选择本项目所放置的文件夹，在标记 2 处修改项目名称，修改后如图 1－3 所示。

鼠标左键单击"Next"按钮进入原理图设计对话框，如图 1－4 所示，选择图纸尺寸为 A4，再次鼠标左键单击"Next"按钮，出现"PCB Layout"对话框，保持默认值，令鼠标左键单击"Next"按钮，进入"Firmware"对话框，如图 1－5 所示。

在"Firmware"对话框下直接鼠标左键单击"Next"按钮，出现"Summary"对话框（见图 1－6），此时再次鼠标左键单击"Finish"按钮即完成了项目工程的建立，进入仿真电路设计界面，如图 1－7 所示。

2）元件布局

在仿真电路设计界面鼠标左键单击图 1－8 中的图标 P，弹出"Pick Devices"对话框，在对话框左上角输入芯片型号名称"STM32F103R6"，在右侧即会显示找到与名称对应的芯片，如图 1－9 所示，鼠标左键双击芯片名称即可将此款芯片调入元件库，随后鼠标左键单击"确定"按钮即可退出此对话框。

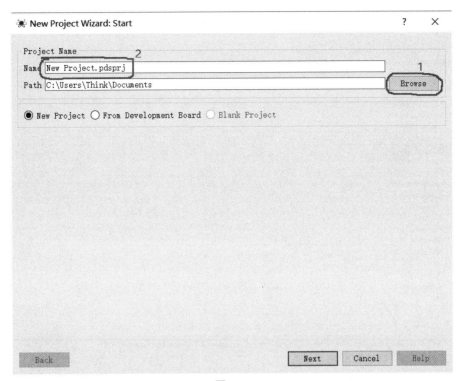

图 1 - 2

图 1 - 3

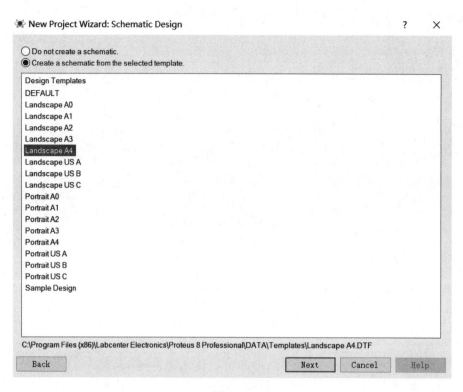

图 1 - 4

图 1 - 5

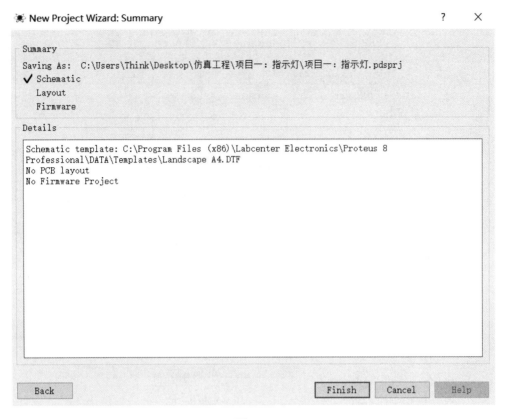

图 1 - 6

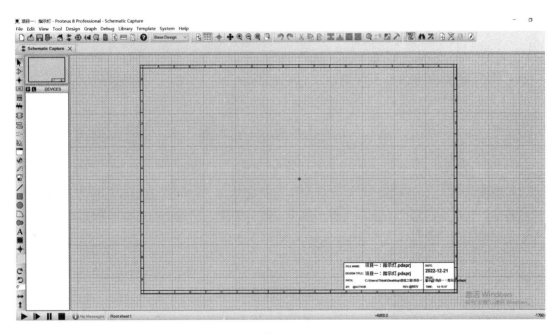

图 1 - 7

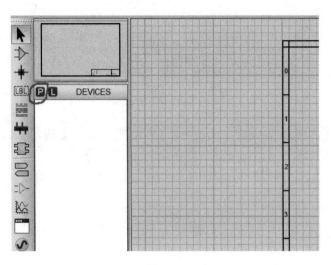

图 1 - 8

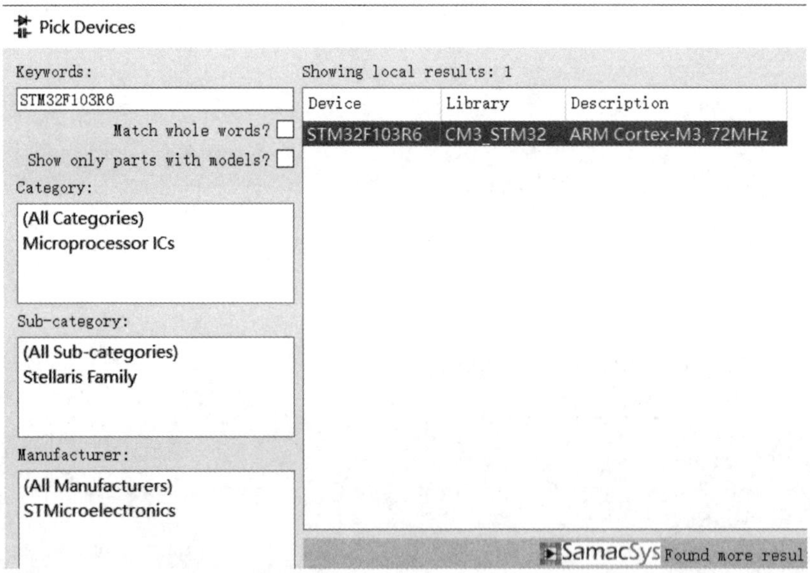

图 1 - 9

在仿真电路设计界面下的左侧元件库中可见名称为"STM32F103R6"的仿真芯片，鼠标对其单击左键后移到绘图区再次单击鼠标左键，即可调出此仿真芯片，鼠标随后移动到合适区域单击左键即完成了此芯片的放置，如图 1 - 10 所示。

按照上述方法将名称为 LED - YELLOW 的指示灯、名称为 RES 的电阻调入元件库，将它们布局到仿真电路中，如图 1 - 11 所示。

为使得元件布局更加美观，可对元件进行调整，首先按住鼠标左键框选住电阻 R1，随后单击鼠标右键即弹出功能选择界面，如图 1 - 12 所示，再移动鼠标到 Rotate Clockwise 的位置单击左键即可使得电阻顺时针旋转 90°，调整后的元件布局如图 1 - 13 所示。

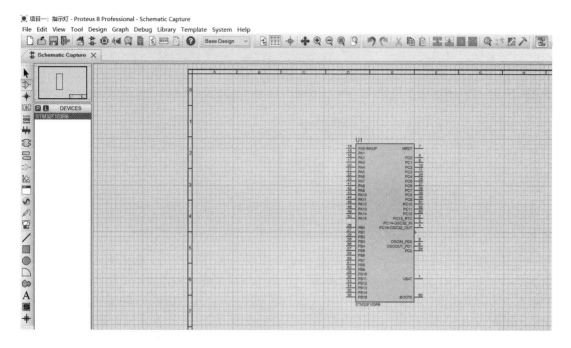

图 1 - 10

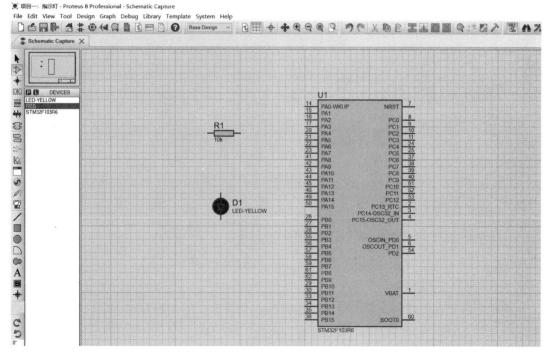

图 1 - 11

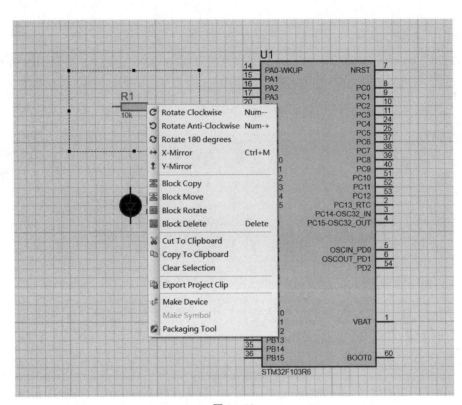

图 1 – 12

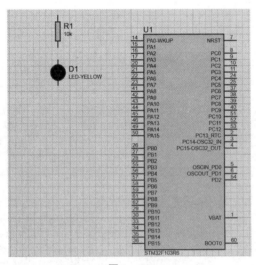

图 1 – 13

　　将鼠标放置在仿真电路设计界面最左侧的一列图标中的 Terminals Mode 上单击鼠标左键,即在其右侧相邻的列表中出现 POWER、GROUND 等端子名称,如图 1 – 14 所示,选中 POWER 单击鼠标左键后将鼠标移动到仿真设计界面,在电阻 R1 正上方再次单击鼠标左键即可对电源端子进行放置,在芯片的右上方再次单击鼠标左键可放置另一个电源端子,如图 1 – 15 所示。

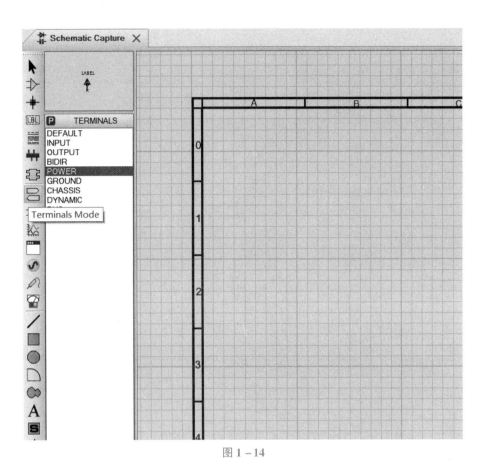

图 1－14

图 1－15

3）电路连接及参数设置

完成了电路元件布局后，将鼠标放置在元件的端子上单击左键，即可引出电气导线，完成导线连接后见图 1 – 16。

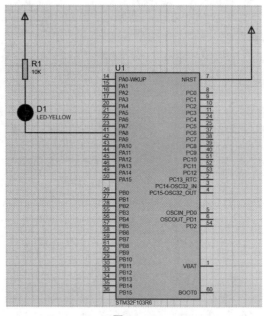

图 1 – 16

将鼠标移动到第一行菜单栏的 Design 上单击左键，随后移动到 Configure Power Rails 上再次单击鼠标左键，如图 1 – 17 所示，此时出现图 1 – 18 所示的对话框，在对话框中鼠标

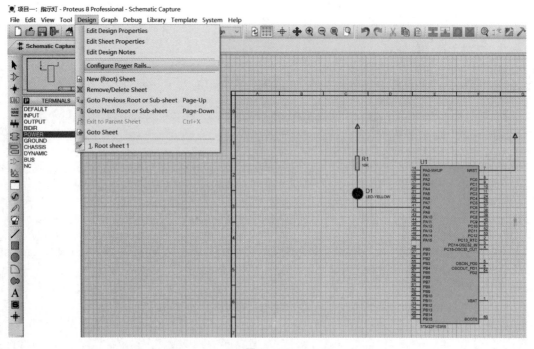

图 1 – 17

左键单击"Name"下拉子菜单，选中"VCC/VDD"，随后按住键盘"Shift"键连续单击鼠标左键选中"VDDA"和"VSSA"，接着再将鼠标移动到对话框中部的"ADD"按钮，单击鼠标左键按下即完成了设置，如图 1-19 所示，移动鼠标在"OK"按键上左键单击即可退出对话框。

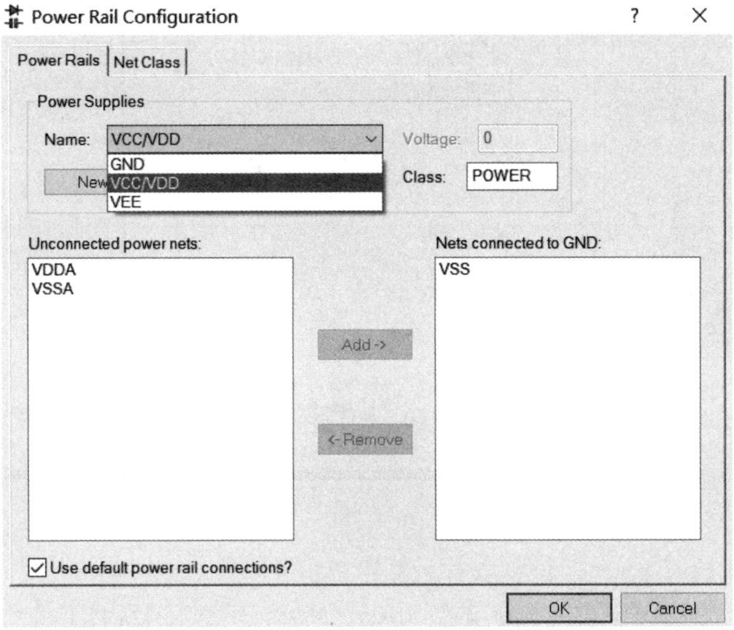

图 1-18

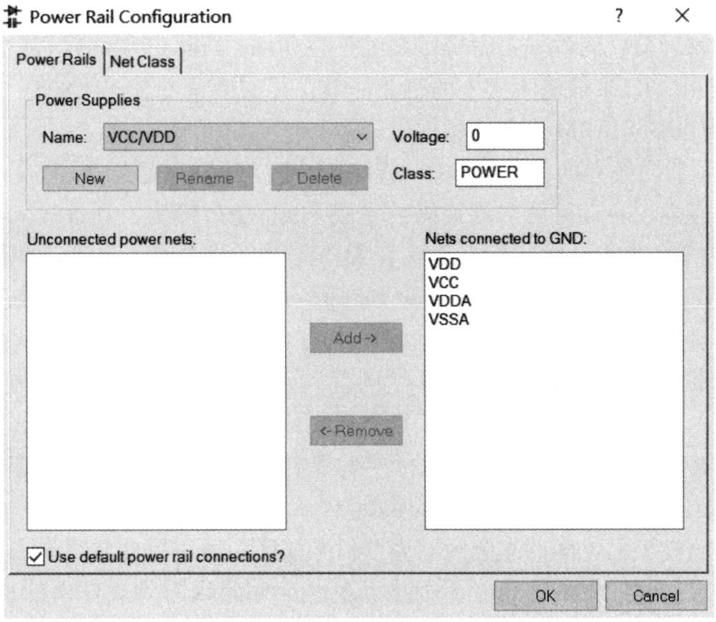

图 1-19

将鼠标移动到电阻 R1 上双击左键，即可进入电阻属性设置界面，如图 1 - 20 所示，将阻值由 10K 修改为 330 后，鼠标左键单击"OK"按钮即完成了电阻值的设置，至此，项目一的电路仿真图设计完毕。

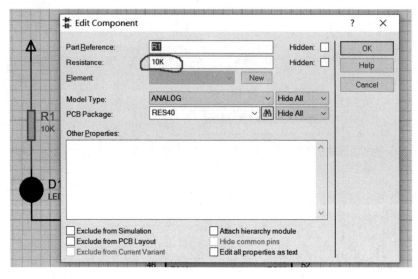

图 1 - 20

（2）软件编程

本书所涉及的 ARM 软件开发环境为 MDK5，MDK5 开发工具源自 Keil 公司，Keil 公司是一家业界领先的微控制器（MCU）软件开发工具的独立供应商。Keil 公司由两家私人公司联合运营，分别是德国慕尼黑的 Keil Elektronik GmbH 和美国得克萨斯的 Keil Software Inc。Keil 公司制造和销售种类广泛的开发工具，包括 ANSI C 编译器、宏汇编程序、调试器、连接器、库管理器、固件和实时操作系统核心（real - time kernel）。其中 Keil C51 编译器自 1988 年引入市场以来成为事实上的行业标准，并支持超过 500 种 8051 变种，Keil 公司在 2005 年开始推出基于 ARM 内核的软件编译器。

MDK5 集成了业内领先的技术，包括 μVision5 集成开发环境与 RealView 编译器。支持 Cortex - M3 核处理器，自动配置启动代码，集成 Flash 烧写模块，具备强大的 Simulation 设备模拟、性能分析等功能，MDK5 向后兼容 MDK4 和 MDK3 等，以前的项目同样可以在 MDK5 上进行开发，MDK5 同时加强了针对 Cortex - M 微控制器开发的支持，并且对传统的开发模式和界面进行了升级。

扫描本页右侧二维码下载任务一软件例程，下载后的文件夹名称为"LED 指示灯设计"，进入文件夹可见其多个子文件夹，如图 1 - 21 所示，打开 USER 文件夹后如图 1 - 22 所示，鼠标左键双击 KEIL5 软件工程图标即可打开软件程序工程，其界面如图 1 - 23 所示。

任务一软件例程
（扫码下载）

在图 1 - 23 软件工程界面的左侧区域为项目导航区，通过鼠标左键单击导航区中的文件夹及程序文件即可在界面中间的代码编辑区看到文件内的程序代码，代码编辑区上方有已打开的程序文件的标签页，通过鼠标左键单击不同标签页即可将不同文件的代码在代码编辑区内显示出来。

图 1 - 21

图 1 - 22

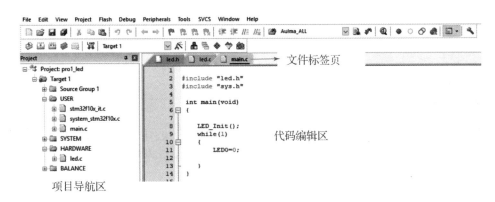

图 1 - 23

利用鼠标左键双击左侧项目导航区的 main. c 文件，在代码编辑区将出现 main. c 源文件的具体内容，如图 1 - 24 所示，在 main. c 源文件内可见主函数 main(void)，主函数 main 是程序的入口函数，代码从这个函数开始往下执行。在 main(void)函数内包含了 LED_Init()初始化函数，这个初始化函数用于配置 STM32F103R6 芯片的端口模式，而在 while(1)循环体内部有一条 LED0 = 0 的代码，则用于控制端口输出低电平。

图 1 - 24

在左侧项目导航区鼠标左键点开 HARDWARE 文件夹下的 led. c 文件左侧的 + 号，将会展开多个文件，随后鼠标左键双击 led. h 文件，在中间区域将出现 led. h 头文件的具体内容，如图 1 - 25 所示，在 led. h 头文件中利用如下代码进行定义：#define LED0 PAout(8)，即将 LED0 这个符号与 STM32F103R6 芯片的 PA8 引脚关联起来，而 PA8 引脚就是我们在仿真电路中要进行驱动控制 LED 的芯片引脚。

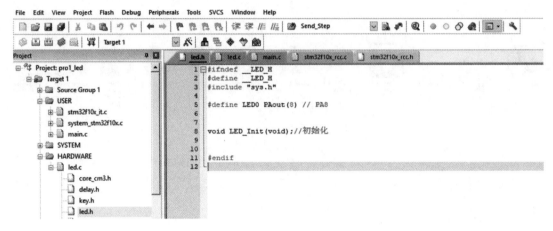

图 1 - 25

继续在左侧项目导航区鼠标左键双击点开 led. c 文件，在中间区域将出现 led. c 源文件的具体内容，如图 1 - 26 所示，void LED_Init(void)这个函数内部的代码对 PA8 引脚的模式进行了配置。

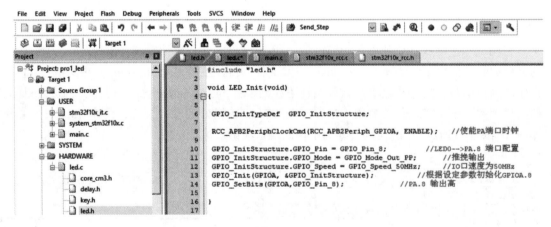

图 1 - 26

在 void LED_Init(void)这个函数内部的代码分为以下几部分：

1）定义一个结构体变量

GPIO_InitTypeDef 是一个结构体类型，它的定义如下（图 1 - 27）：

如图 1 - 27 所示，结构体内部包含了几个不同类型的数据，分别是 GPIO_Pin，GPIO_Speed 以及 GPIO_Mode。通过 GPIO_InitTypeDef GPIO_InitStructure；这条代码实现了一个具体的 GPIO_InitTypeDef 类型的结构变量，其名称为 GPIO_InitStructure。

```
typedef struct
{
  uint16_t GPIO_Pin;              /*!< Specifies the GPIO pins to be configured.
                                       This parameter can be any value of @ref GPIO_pins_define */

  GPIOSpeed_TypeDef GPIO_Speed;   /*!< Specifies the speed for the selected pins.
                                       This parameter can be a value of @ref GPIOSpeed_TypeDef */

  GPIOMode_TypeDef GPIO_Mode;     /*!< Specifies the operating mode for the selected pins.
                                       This parameter can be a value of @ref GPIOMode_TypeDef */
}GPIO_InitTypeDef;
```

图 1 – 27

2）打开端口时钟

利用 RCC_APB2PeriphClockCmd（RCC_APB2Periph_GPIOA，ENABLE）；这条代码打开端口 A 的时钟，而在操纵 STM32 的资源时每一块资源都需要单独打开才能够正常被使用。RCC_APB2PeriphClockCmd 函数的使用介绍如图 1 – 28 所示。可利用 RCC_APB2PeriphClockCmd 这个函数打开的资源如图 1 – 29 所示。

Table 372. 函数 RCC_APB2PeriphClockCmd

函数名	RCC_APB2PeriphClockCmd
函数原形	void RCC_APB2PeriphClockCmd(u32 RCC_APB2Periph, FunctionalState NewState)
功能描述	使能或者失能 APB2 外设时钟
输入参数 1	RCC_APB2Periph: 门控 APB2 外设时钟 参阅 Section: RCC_APB2Periph 查阅更多该参数允许取值范围
输入参数 2	NewState: 指定外设时钟的新状态 这个参数可以取: ENABLE 或者 DISABLE
输出参数	无
返回值	无
先决条件	无
被调用函数	无

图 1 – 28

Table 373. RCC_AHB2Periph 值

RCC_AHB2Periph	描述
RCC_APB2Periph_AFIO	功能复用 IO 时钟
RCC_APB2Periph_GPIOA	GPIOA 时钟
RCC_APB2Periph_GPIOB	GPIOB 时钟
RCC_APB2Periph_GPIOC	GPIOC 时钟
RCC_APB2Periph_GPIOD	GPIOD 时钟
RCC_APB2Periph_GPIOE	GPIOE 时钟
RCC_APB2Periph_ADC1	ADC1 时钟
RCC_APB2Periph_ADC2	ADC2 时钟
RCC_APB2Periph_TIM1	TIM1 时钟
RCC_APB2Periph_SPI1	SPI1 时钟
RCC_APB2Periph_USART1	USART1 时钟
RCC_APB2Periph_ALL	全部 APB2 外设时钟

图 1 – 29

3）对端口通道进行赋值

STM32F103R6 芯片的 A 组端口通道共有 16 个引脚（PA0 ~ PA15），在此通过 GPIO_InitStructure. GPIO_Pin = GPIO_Pin_8；这条代码选中 PA8 端口引脚。

4）对端口通道模式进行设置

STM32F103R6 芯片的每个端口可以设置为 8 种模式，分别为输入浮空、输入上拉、输入下拉、模拟输入、开漏输出、推挽输出、推挽式复用功能、开漏复用功能，在此通过 GPIO_InitStructure. GPIO_Mode = GPIO_Mode_Out_PP；这条代码将端口配置成推挽输出模式。

5）对端口通道速度进行设置

当STM32F103R6 芯片的端口配置为输出模式后，共有 2 MHz、10 MHz、50 MHz 三种速度模式，在此通过代码 GPIO_InitStructure. GPIO_Speed = GPIO_Speed_50MHz；将端口输出的速度设置为 50 MHz。

6）完成端口初始化配置

在对 GPIO_InitStructure 结构变量内部数据进行赋值后，即通过代码 GPIO_Init（GPIOA，&GPIO_InitStructure）；完成对 GPIOA 端口的初始化操作，在完成了初始化操作后再利用代码 GPIO_SetBits（GPIOA，GPIO_Pin_8）；使得 PA8 端口默认输出为高电平，GPIO_Init 函数使用介绍如图 1 - 30 所示。

Table 182. 函数 GPIO_Init

函数名	GPIO_Init
函数原形	void GPIO_Init(GPIO_TypeDef* GPIOx, GPIO_InitTypeDef* GPIO_InitStruct)
功能描述	根据 GPIO_InitStruct 中指定的参数初始化外设 GPIOx 寄存器
输入参数 1	GPIOx: x 可以是 A，B，C，D 或者 E，来选择 GPIO 外设
输入参数 2	GPIO_InitStruct：指向结构 GPIO_InitTypeDef 的指针，包含了外设 GPIO 的配置信息 参阅 Section：GPIO_InitTypeDef 查阅更多该参数允许取值范围
输出参数	无
返回值	无
先决条件	无
被调用函数	无

图 1 - 30

在 led. h 和 led. c 文件中对端口进行设计之后，即可在主函数 mail 中通过对 LED0 = 0 代码的调用以使得 STM32 芯片的输出端口为低电平，从而令指示灯点亮。

在完成了程序代码修改后，需要鼠标左键单击软件左上方的"Build"按键，如图 1 - 31 所示，即可开始对程序进行编译，生成可烧写的 Hex 代码，在图 1 - 31 中最下方的 Build Output 窗口可见当前编译的输出信息。

在工程目录下的"HARDWARE"文件夹下的子文件夹"LED"下建立 led. c 和 led. h 两个文件，将它们加入程序项目工程内。

其中"led. h"头文件内的代码如下：

```
#ifndef __LED_H
#define __LED_H
#include "sys.h"
#define LED0 PAout(8)
void LED_Init(void);‾
#endif
```

"led. c"源文件内的代码如下：

```
#include "led.h"
void LED_Init(void)
{
    GPIO_InitTypeDef  GPIO_InitStructure;
    RCC_APB2PeriphClockCmd(RCC_APB2Periph_GPIOA, ENABLE);
    GPIO_InitStructure.GPIO_Pin = GPIO_Pin_8;
    GPIO_InitStructure.GPIO_Mode = GPIO_Mode_Out_PP;
    GPIO_InitStructure.GPIO_Speed = GPIO_Speed_50MHz;
```

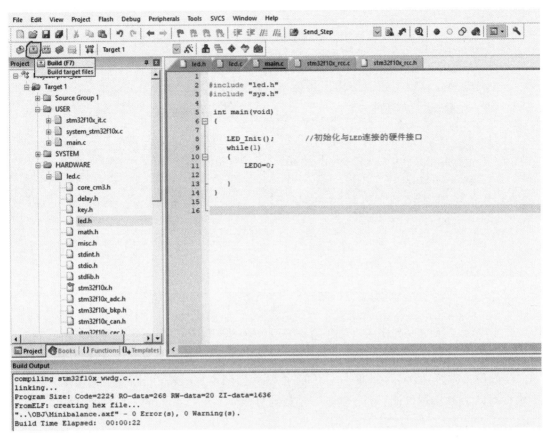

图 1 - 31

```
GPIO_Init(GPIOA, &GPIO_InitStructure);
GPIO_SetBits(GPIOA,GPIO_Pin_8);
}
```

"main. c" 源文件内的代码如下：

```
#include "led.h"
#include "sys.h"
  int main(void)
  {
        LED_Init();
        while(1)
        {
                LED0 = 0;
        }
  }
```

（3）效果验证

在仿真图形中，鼠标左键双击芯片，即弹出图 1 - 32 所示界面，此时鼠标左键单击"文件夹"按钮，找到工程文件夹下 OBJ 子文件夹内编译生成的后缀名为 Hex 的文件，鼠标左键单击右上角的"OK"按钮，即完成了程序的装载。

任务一实施效果
（扫码观看）

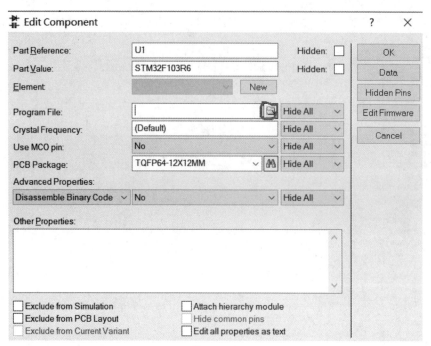

图 1 - 32

回到仿真界面，鼠标左键单击左下角的"仿真运行"按键，如图 1 - 33 所示，在绘图区中央可见 LED 指示灯被点亮，验证了项目的可行性。

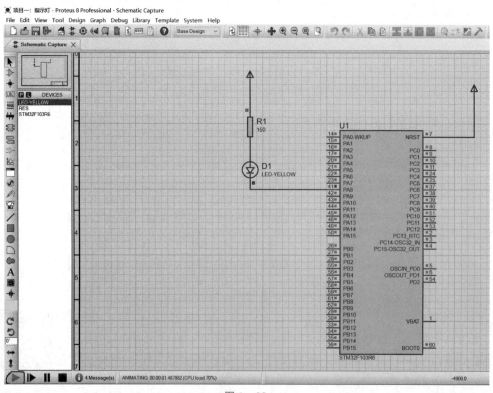

图 1 - 33

项目延伸知识点

1.1 什么是嵌入式系统

1.1.1 嵌入式系统的定义及特点

（1）定义

嵌入式系统（Embedded System）是一种"完全嵌入受控器件内部，为特定应用而设计的专用计算机系统"，嵌入式系统是以应用为中心，以计算机技术为基础，并且软硬件可裁剪，适用于应用系统对功能、可靠性、成本、体积、功耗有严格要求的专用计算机系统。

（2）特点

①相较于通用计算机，嵌入式系统功耗低、集成度高、体积小，属于专用计算机系统。

嵌入式系统能够把通用计算机中许多由部件完成的任务集成在芯片内部，从而有利于嵌入式系统设计趋于小型化，移动能力也大大增强。

②相较于通用计算机，嵌入式系统可靠性高、实时性强。

军事及高端工业领域多应用嵌入式系统，因而它的工况环境更加恶劣，对其可靠性要求更高，且嵌入式系统往往需要不断地依据所处环境的变化做出反应，所以对其实时性要求也很高。

③相较于通用计算机，嵌入式系统资源配置更加灵活。

由于嵌入式系统对成本、体积和功耗有严格要求，因而其资源（如内存、I/O 接口等）有限，所以在应用中必须对嵌入式系统的硬件和软件都进行高效设计，量体裁衣，去除冗余，力争在有限的资源上实现更高的性能。

1.1.2 嵌入式系统的历史

嵌入式系统从 20 世纪 70 年代发展到如今已经迈过 40 多个年头，随着电子和计算机技术的飞速发展，嵌入式系统也逐步发展成熟。总体来说，其可以分为单片机时代、专用处理器时代两大阶段。

（1）单片机时代

单片机时代起始于 1976 年，英特尔发布了世界上最早的单片机 8048；随后，摩托罗拉推出了 68HC05，Zilog 推出了 Z80 等一系列单片机。随着电子技术的发展，英特尔发布了著名的 MCS-51 单片机内核，ATMEL、NXP 等公司在该内核的基础上生产了几百款不同的单片机产品。汽车、家电、工业机器、通信装置以及成千上万种产品可以通过内嵌基于单片机的电子装置来获得更佳的使用性能。

（2）专用处理器时代

进入 20 世纪 90 年代以后，随着计算机技术、微电子技术、IC（集成电路）设计和 EDA（电子设计自动化）工具的发展，嵌入式处理器开始向片上系统（System-on-Chip，SoC）发展，出现了包括 51 单片机、AVR 单片机、MSP430 单片机、DSP、CPLD/FPGA、ARM 在内的一系列专用处理器。

ARM 处理器由英国 ARM 有限公司设计研发，ARM 公司本身不生产制造芯片，通过出售芯片技术授权，建立起新型的微处理器设计、生产和销售商业模式。ARM 将其技术授权给世界上许多著名的半导体、软件和 OEM 厂商，每个厂商得到的都是一套独一无二的 ARM 相关技术及服务。利用这种合伙关系，ARM 很快成为许多全球性 RISC 标准的缔造者。ARM 共有 ARM7、ARM9、ARM11、ARM Cortex – A、ARM Cortex – M、ARM Cortex – R 等多个系列，国际知名的英特尔、三星、意法半导体、飞思卡尔等芯片制造厂商均选用 ARM 处理器系列生产芯片。

STM32 是一款 ARM 系列的嵌入式处理器，它由意法半导体公司制造。ST 是意法半导体的简称，M 是指微控制器 MCU 的第一个英文字母，32 是指 32 位的 CPU，它的 CPU 采用的是 ARM 公司的 Cortex – M 系列内核设计。STM32 覆盖 Cortex – M 的多种系列，包括 M0、M0 + 、M3、M7 等。STM32 系列处理器因具有极高的性价比而被广泛应用于各类电子产品中。本书即基于此款嵌入式处理器展开课程学习。

1. 2　什么是 PROTEUS 虚拟仿真

PROTEUS 是英国 Lab Center Electronics 公司开发的电路分析与实物仿真软件，它运行于 Windows 操作系统中，可以仿真、分析各种模拟器件和集成电路，它具有功能很强的 ISIS 智能原理图输入系统，有非常友好的人机互动窗口界面及丰富的操作菜单与工具。

该软件的特点是：

①实现了微控制器仿真和 SPICE（集成电路仿真）相结合。具有模拟电路仿真、数字电路仿真、微控制器及其外围电路组成的系统仿真、RS232 动态仿真、I2C 调试器、SPI 调试器、键盘和 LCD 系统仿真的功能；有各种虚拟仪器，如示波器、逻辑分析仪、信号发生器等。

②支持主流微控制器系统的仿真。目前支持的微控制器类型有：ARM 系列、68000 系列、8051 系列、AVR 系列、PIC12 系列、PIC16 系列、PIC18 系列、Z80 系列、HC11 系列以及各种外围芯片。

③提供软件调试功能。在硬件仿真系统中具有全速、单步、设置断点等调试功能，同时可以观察各个变量、寄存器等的当前状态，因此在该软件仿真系统中也必须具有这些功能；同时支持第三方的软件编译和调试环境，如 Keil C51 μVision2 等软件。

④具有强大的原理图绘制功能。总之，该软件是一款集单片机和 SPICE 分析于一身的仿真软件，功能极其强大。

本章将介绍 PROTEUS 软件的工作环境和一些基本操作。

1. 3　时钟资源配置

时钟是 CPU 运行的基础，时钟信号推动 CPU 内各个部分执行相应的指令。时钟系统就是 CPU 的脉搏，决定 CPU 速率，像人的心跳一样，只有有了心跳，人才能做其他的事情，而 CPU 有了时钟，才能够运行执行指令，才能够做其他的处理（点灯、串口、ADC），时钟的重要性不言而喻。

为什么 STM32 要有多个时钟源呢？

STM32 本身十分复杂，外设非常多，但我们实际使用时只会用到有限的几个外设，使用任何外设都需要时钟才能启动，但并不是所有的外设都需要系统时钟那么高的频率，为了兼容不同速度的设备，有些采用高速，有些采用低速，如果都用高速时钟，势必造成浪费。同一个电路，时钟越快功耗越快，同时抗电磁干扰能力也就越弱，所以较为复杂的 MCU 都是采用多时钟源的方法来解决这些问题，所以便有了 STM32 的时钟系统和时钟树。

在 STM32 中，一共有 5 个时钟源，分别是 HSI、HSE、LSI、LSE、PLL。

①HSI 是高速内部时钟；

②HSE 是高速外部时钟；

③LSI 是低速内部时钟；

④LSE 是低速外部时钟；

⑤PLL 为锁相环倍频输出，其输出频率最大不得超过 72 MHz。

系统时钟 SYSCLK 可来源于 HSI、HSE、PLL 这三个时钟源，最大为 72 MHz。

系统时钟 SYSCLK 提供 STM32 中绝大部分部件工作的时钟源，系统时钟最大频率为 72 MHz，系统时钟 SYSCLK 通过 AHB 分频器分频后送给各模块使用，AHB 分频器可选择 1、2、4、8、16、64、128、256、512，如图 1 - 34 所示，其中 AHB 分频器输出的时钟送给五大模块使用：

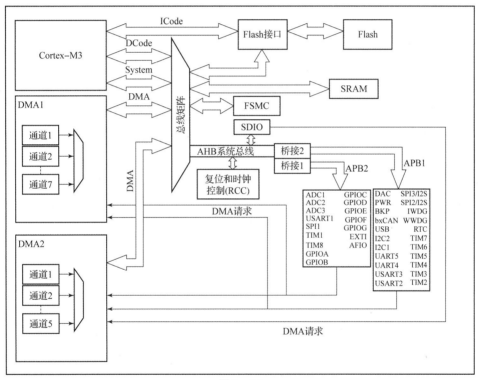

图 1 - 34

①内核总线：送给 AHB 总线、内核、内存和 DMA 使用的 HCLK 时钟。

②Tick 定时器：通过 8 分频后送给 Cortex 的系统定时器时钟。

③I2S 总线：直接送给 Cortex 的空闲运行时钟 FCLK。

④APB1 外设：送给 APB1 分频器。APB1 分频器可选择 1、2、4、8、16 分频，其输出一路供 APB1 外设使用（PCLK1，最大频率 36 MHz），另一路送给通用定时器使用。连接在 APB1（低速外设）上的设备有：电源接口、备份接口、CAN、USB、I2C1、I2C2、UART2、UART3、SPI2、窗口看门狗、Timer2、Timer3、Timer4。

⑤APB2 外设：送给 APB2 分频器。APB2 分频器可选择 1、2、4、8、16 分频，其输出一路供 APB2 外设使用（PCLK2，最大频率 72 MHz），另一路送给高级定时器。该倍频器可选择 1 或者 2 倍频，时钟输出供定时器 1 和定时器 8 使用。连接在 APB2（高速外设）上的

设备有：UART1、SPI1、Timer1、ADC1、ADC2、GPIOx(PA ~ PE)、第二功能 I/O 端口。

在配置 STM32 外设时，任何时候都要先使能该外设的时钟，本章所涉及的指示灯端口 PA8 在使用前需要打开其端口时钟资源，在此通过函数 RCC_APB2PeriphClockCmd 来实现，只要挂载在 APB2 总线上的外设均可通过 RCC_APB2PeriphClockCmd 这个函数调用来打开其资源。

void RCC_APB2PeriphClockCmd(uint32_t RCC_APB2Periph，FunctionalState NewState)这个函数的原型定义如图 1－35 所示，函数调用时有两个参数，第一个参数是需要打开的资源，第二个参数是使能或失能设置，在 RCC_APB2PeriphClockCmd(RCC_APB2Periph_GPIOA，ENABLE)；这条代码中即打开了通用 I/O 端口 A 的端口资源。

```
void RCC_APB2PeriphClockCmd(uint32_t RCC_APB2Periph, FunctionalState NewState)
{
  /* Check the parameters */
  assert_param(IS_RCC_APB2_PERIPH(RCC_APB2Periph));
  assert_param(IS_FUNCTIONAL_STATE(NewState));
  if (NewState != DISABLE)
  {
    RCC->APB2ENR |= RCC_APB2Periph;
  }
  else
  {
    RCC->APB2ENR &= ~RCC_APB2Periph;
  }
}
```

图 1－35

1.4 端口模式配置

STM32 的 I/O 端口可以由软件配置成如下 8 种模式：

①输入浮空；②输入上拉；③输入下拉；④模拟输入；⑤开漏输出；⑥推挽输出；⑦推挽式复用功能；⑧开漏复用功能。

STM32 的每个 IO 端口都可以由 6 个寄存器来控制。它们分别是：2 个 32 位的端口配置寄存器 CRL 和 CRH；2 个 32 位的数据寄存器 IDR 和 ODR；1 个 32 位的置位/复位寄存器 BSRR；1 个 16 位的复位寄存器 BRR。

图 1－36 为 CRL 寄存器，可配置 STM32 每组 I/O 端口（A ~ G）的低 8 位的模式。

31	30	29	28	27	26	25	24	23	22	21	20	19	18	17	16
CNF7[1:0]		MODE7[1:0]		CNF6[1:0]		MODE6[1:0]		CNF5[1:0]		MODE5[1:0]		CNF4[1:0]		MODE4[1:0]	
rw	rw	rw	rw	rw	rw	rw	rw	rw	rw	rw	rw	rw	rw	rw	rw

15	14	13	12	11	10	9	8	7	6	5	4	3	2	1	0
CNF3[1:0]		MODE3[1:0]		CNF2[1:0]		MODE2[1:0]		CNF1[1:0]		MODE1[1:0]		CNF0[1:0]		MODE0[1:0]	
rw	rw	rw	rw	rw	rw	rw	rw	rw	rw	rw	rw	rw	rw	rw	rw

位31:30 27:26 23:22 19:18 15:14 11:10 7:6 3:2	**CNFy[1:0]**：端口x配置位(y = 0…7) (Port x configuration bits) 软件通过这些位配置相应的I/O端口，请参考表17端口位配置表。 在输入模式(MODE[1:0]=00)： 00：模拟输入模式 01：浮空输入模式(复位后的状态) 10：上拉/下拉输入模式 11：保留 在输出模式(MODE[1:0]>00)： 00：通用推挽输出模式 01：通用开漏输出模式 10：复用功能推挽输出模式 11：复用功能开漏输出模式
位29:28 25:24 21:20 17:16 13:12 9:8, 5:4 1:0	**MODEy[1:0]**：端口x的模式位(y = 0…7) (Port x mode bits) 软件通过这些位配置相应的I/O端口，请参考表17端口位配置表。 00：输入模式(复位后的状态) 01：输出模式，最大速度10MHz 10：输出模式，最大速度2MHz 11：输出模式，最大速度50MHz

图 1－36

每个 I/O 端口配置占用 CRL 的 4 个位，高 2 位为 CNF，低 2 位为 MODE，而 CRH 控制的是高 8 位输出口，其作用和 CRL 完全一样，如图 1-37 所示。

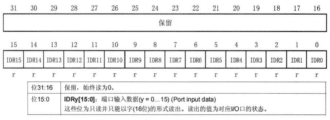

图 1-37

IDR 是一个端口输入数据寄存器，只用了低 16 位。该寄存器为只读寄存器，可以通过对这个寄存器的读取以获得当前端口的电平状态，该寄存器各位的描述如图 1-38 所示。

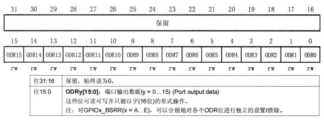

图 1-38

ODR 是一个端口输出数据寄存器，也只用了低 16 位。该寄存器为可读写，从该寄存器读出来的数据可以用于判断当前 I/O 端口的电平状态。而向该寄存器写数据，则可以控制某个 I/O 端口的输出电平。该寄存器的各位描述如图 1-39 所示。

图 1-39

BSRR 寄存器是端口位设置/清除寄存器，该寄存器可以用来设置 GPIO 端口的输出位是 1 还是 0，该寄存器的各位描述如图 1-40 所示。

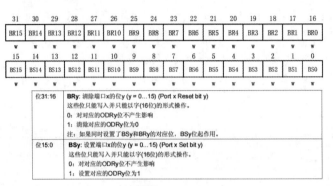

图 1 - 40

BRR 寄存器是端口位清除寄存器。该寄存器的作用跟 BSRR 的高 16 位类似，该寄存器的各位描述如图 1 - 41 所示。

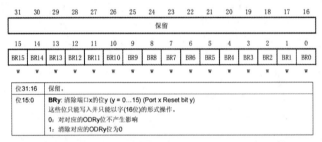

图 1 - 41

用于控制 STM32 的 I/O 端口配置及读写的寄存器可通过 GPIO_Init、GPIO_SetBits、GPIO_ResetBits 等标准库函数的调用进行设置，其中 GPIO_Init 函数的使用说明如图 1 - 30 所示，GPIO_SetBits 函数的使用说明如图 1 - 42 所示，GPIO_ResetBits 函数的使用说明如图 1 - 43 所示。

函数名	GPIO_SetBits
函数原形	void GPIO_SetBits(GPIO_TypeDef* GPIOx, u16 GPIO_Pin)
功能描述	设置指定的数据端口位
输入参数 1	GPIOx：x 可以是 A，B，C，D 或者 E，来选择 GPIO 外设
输入参数 2	GPIO_Pin：待设置的端口位 该参数可以取 GPIO_Pin_x(x 可以是 0-15)的任意组合 参阅 Section：GPIO_Pin 查阅更多该参数允许取值范围
输出参数	无
返回值	无
先决条件	无
被调用函数	无

图 1 - 42

函数名	GPIO_ResetBits
函数原形	void GPIO_ResetBits(GPIO_TypeDef* GPIOx, u16 GPIO_Pin)
功能描述	清除指定的数据端口位
输入参数 1	GPIOx：x 可以是 A，B，C，D 或者 E，来选择 GPIO 外设
输入参数 2	GPIO_Pin：待清除的端口位 该参数可以取 GPIO_Pin_x(x 可以是 0-15)的任意组合 参阅 Section：GPIO_Pin 查阅更多该参数允许取值范围
输出参数	无
返回值	无
先决条件	无
被调用函数	无

图 1 - 43

拓展任务训练

1.1 单组 3 指示灯设计

（1）任务目标

①掌握 PROTEUS 软件的单组 3 指示灯仿真图设计方法。

②掌握 KEIL 软件的设计开发流程。

③掌握单组 3 指示灯程序设计方法。

（2）任务概述

设计一个单组 3 指示灯电路，可令其同时点亮。

项目运行平台：PROTEUS。

软件开发平台：KEIL5.0。

MCU 芯片选用：STM32F103R6。

LED0 端口：PB1（低电平点亮）。

LED1 端口：PB2（低电平点亮）。

LED2 端口：PB3（低电平点亮）。

（3）任务要求

仿真程序运行时，LED0、LED1、LED2 均点亮。

（4）任务实施

对项目进行电路仿真图纸设计及软件程序编制，编译无误后可在 PROTEUS 仿真平台上进行仿真。仿真实现项目功能后，可以下载到嵌入式硬件平台上，用 3 个指示灯作为显示输出。

（5）单组 3 指示灯技能考核

学号		姓名		小组成员	
安全 评价	违反用电安全规定 总评成绩计 0 分		总评成绩		
素质 目标	1. 职业素养：遵守工作时间，使用实践设备时注意用电安全。 　2. 团结协作：小组成员具有协作精神和团队意识。 　3. 劳动素养：具有劳动意识，实践结束后，能整理清洁好工作台面，为其他同学实践创造良好的环境			学生自评 （2 分）	
				小组互评 （2 分）	
				教师考评 （6 分）	
				素质总评 （10 分）	

续表

		学生自评 （10分）	
知识 目标	1. 掌握 PROTEUS 软件的使用。 2. 掌握 KEIL5.0 设计开发流程。 3. 掌握 C 语言输入方法。 4. 掌握单组 3 指示灯设计思路	教师考评 （20分）	
		知识总评 （30分）	
		学生自评 （10分）	
能力 目标	1. 能设计单组 3 指示灯电路。 2. 能实现项目的功能要求。 3. 能就任务的关键知识点完成互动答辩	小组互评 （10分）	
		教师考评 （40分）	
		能力总评 （60分）	

1.2　多组 6 指示灯设计

（1）任务目标

①掌握 PROTEUS 软件的多组 6 指示灯仿真图设计方法。

②掌握 KEIL 软件的设计开发流程。

③掌握多组 6 指示灯程序设计方法。

（2）任务概述

设计一个多组 6 指示灯电路，可令其部分点亮，部分熄灭。

项目运行平台：PROTEUS。

软件开发平台：KEIL5.0。

MCU 芯片选用：STM32F103R6。

LED0 端口：PA1（低电平点亮）。

LED1 端口：PA2（低电平点亮）。

LED2 端口：PB7（低电平点亮）。

LED3 端口：PB8（低电平点亮）。

LED4 端口：PC14（低电平点亮）。

LED5 端口：PC15（低电平点亮）。

（3）任务要求

仿真程序运行时，LED0、LED2、LED4 点亮，LED1、LED3、LED5 熄灭。

（4）任务实施

对项目进行电路仿真图纸设计及软件程序编制，编译无误后可在 PROTEUS 仿真平台上进行仿真。仿真实现项目功能后，可以下载到嵌入式硬件平台上，用 6 个指示灯作为显示输出。

（5）多组 6 指示灯技能考核

学号		姓名		小组成员	
安全 评价	违反用电安全规定 总评成绩计 0 分		总评成绩		
素质 目标	1. 职业素养：遵守工作时间，使用实践设备时注意用电安全。 2. 团结协作：小组成员具有协作精神和团队意识。 3. 劳动素养：具有劳动意识，实践结束后，能整理清洁好工作台面，为其他同学实践创造良好环境		学生自评 （2 分）		
			小组互评 （2 分）		
			教师考评 （6 分）		
			素质总评 （10 分）		
知识 目标	1. 掌握 PROTEUS 软件的使用。 2. 掌握 KEIL5.0 设计开发流程。 3. 掌握 C 语言输入方法。 4. 掌握多组 6 指示灯设计思路		学生自评 （10 分）		
			教师考评 （20 分）		
			知识总评 （30 分）		
能力 目标	1. 能设计多组 6 指示灯电路。 2. 能实现项目的功能要求。 3. 能就任务的关键知识点完成互动答辩		学生自评 （10 分）		
			小组互评 （10 分）		
			教师考评 （40 分）		
			能力总评 （60 分）		

 思考与练习

1. 嵌入式系统的概念是什么？
2. 嵌入式系统的特点是什么？
3. 简述 STM32 与 ARM 的关系。
4. 简述 PROTEUS 的概念及新建仿真功能的步骤。
5. 简述 MDK5 软件的操作及程序编译方法。
6. 简述 STM32 的时钟系统概念。
7. 论述 STM32 端口有多少种配置模式，如何通过寄存器来配置端口状态。
8. 利用 MDK5 软件及 PROTEUS 仿真实现不同 STM32 端口的 LED 指示灯驱动控制。

项目二

设计按键输入

项目背景

高端智能化工业设备需要通过按键输入来设置各种工作模式，通过本项目的学习可掌握嵌入式系统按键输入的概念及配置方法，有助于进一步深入学习现代化产业体系下的嵌入式开发技术。

项目目标

1. 掌握 PROTEUS 软件绘制串口仿真电路图的设计方法。
2. 掌握按键输入的概念和原理。
3. 掌握基于 STM32 的按键输入程序设计方法。
4. 掌握多输入键控指示灯的程序设计方法。

职业素养

学以致用，把知识转化为职业能力。

任务一　按键输入设计

任务目标

①掌握按键输入端口的工作原理。
②掌握在 KEIL5.0 中 STM32 输入端口的配置方法。
③掌握按键控制 LED 指示灯变化的程序设计方法。

任务描述

设计一个按键输入仿真项目，通过程序的设计可利用按键控制 LED 指示灯变化。
项目运行平台：PROTEUS。
软件开发平台：KEIL5.0。

MCU 芯片选用：STM32F103R6。

LED 指示灯控制端口：STM32 的 PA8 端口连接到 LED 指示灯的阴极，LED 指示灯的阳极通过上拉电阻连接到正电源。

按键输入控制端口：STM32 的 PA15 端口连接到按键输入控制端，当按键未按下时 PA15 端口为高电平状态，按键按下之后则为低电平状态。

具体要求：

任务运行后，按下输入按键则 LED 指示灯点亮，松开输入按键则 LED 指示灯熄灭。

任务实施

（1）电路设计

在仿真电路设计界面鼠标左键单击图 2 – 1 中的图标 P，弹出"Pick Devices"对话框，在对话框左上角输入芯片型号名称"BUTTON"，在右侧即会显示找到与名称对应的元件，如图 2 – 2 所示，鼠标左键双击芯片名称即可将此款芯片调入元件库，随后鼠标左键单击"确定"按钮即可退出此对话框。

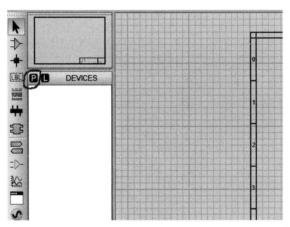

图 2 – 1

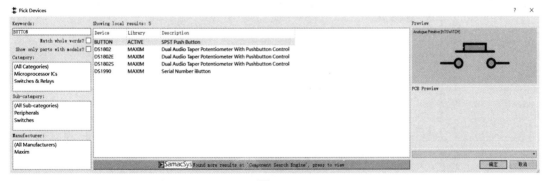

图 2 – 2

在仿真电路设计界面下的左侧元件库中可见名称为 BUTTON 的元件，随后继续添加名为 STM32F103R6、RES、LED – YELLOW 的元件，鼠标左键单击相应元件后移到绘图区再次单击鼠标左键，即可调出此元件，随后鼠标移动到合适区域单击左键即完成了此元件的放置，将 STM32F103R6、RES、LED – YELLOW 这些元件调入仿真绘图区，如图 2 – 3 所示。

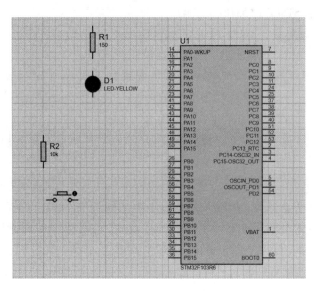

图 2 – 3

　　将鼠标放置在仿真电路设计界面最左侧的一列图标中的 Terminals Mode 上单击左键，即在其右侧相邻的列表中出现 POWER、GROUND 等端子名称，如图 2 – 4 所示，选中 POWER 单击鼠标左键后将鼠标移动到仿真设计界面，分别在电阻 R1、R2 正上方再次单击鼠标左键即可对电源端子进行放置，在芯片的右上方再次单击鼠标左键可再放置一个电源端子，如图 2 – 5 所示。

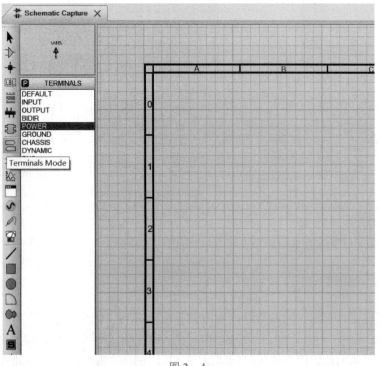

图 2 – 4

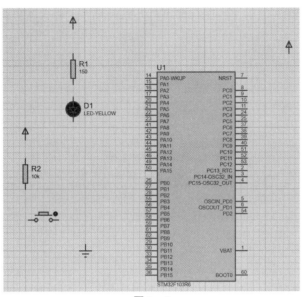

图 2-5

完成了电路元件布局后，将鼠标放置在元件的端子上单击左键，即可引出电气导线，完成导线连接后的仿真图如图 2-6 所示。

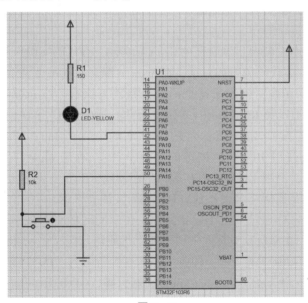

图 2-6

按键 BUTTON 左端连接到 STM32 芯片的 PA15 端口，BUTTON 按键没有按下去时 PA15 端口的电平状态为高电平，当 BUTTON 按键按下后 PA15 端口将被拉到地变为低电平。

（2）软件编程

扫描本页右侧二维码下载任务一软件例程，下载后的文件夹名称为"2.1 按键输入设计"，进入文件夹可见其多个子文件夹，如图 2-7 所示，打开 USER 文件

任务一软件例程
（扫码下载）

31

夹后鼠标左键双击 KEIL5 软件工程图标即可打开软件程序工程，其界面如图 2 - 8 所示。

BALANCE　　CORE　　HARDWARE　　OBJ　　STM32F10x_FW Lib　　SYSTEM　　USER　　按键输入设计. pdsprj

图 2 - 7

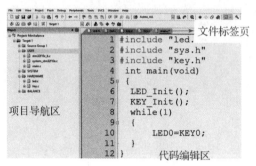

图 2 - 8

在图 2 - 8 软件工程界面的左侧区域为项目导航区，可以通过鼠标左键点击导航区中的文件夹及程序文件即可在界面中间的代码编辑区看到文件内的程序代码，代码编辑区上方有已打开的程序文件的标签页，通过鼠标左键单击不同标签页即可将不同文件的代码在代码编辑区内显示出来。

利用鼠标左键双击左侧项目导航区的 main. c 文件，在代码编辑区将出现 main. c 源文件的具体内容，如图 2 - 8 代码编辑区所示，在 main. c 源文件内可见主函数 main(void)，主函数 main 是程序的入口函数，代码从这个函数开始往下执行。在 main(void) 函数内包含了 LED_Init( ) 初始化函数以及 KEY_Init( ) 初始化函数。其中 LED_Init( ) 初始化函数用于配置 STM32F103R6 芯片连接到 LED 指示灯的端口 PA8，KEY_Init( ) 初始化函数用于配置 STM32F103R6 芯片连接到 BUTTON 按键的端口 PA15。而在 while(1) 循环体内部有一条 LED0 = KEY0 的代码，则用于控制 LED0 端口状态随着 KEY0 发生变化。

在左侧项目导航区鼠标左键点开 HARDWARE 文件夹下的 key. c 文件左侧的 + 号，将会展开多个文件，随后鼠标左键双击 key. h 文件，在中间区域将出现 key. h 头文件的具体内容，如图 2 - 9 所示，在 key. h 头文件中利用如下代码进行定义：#define KEY0 GPIO_ReadInputDataBit(GPIOA,GPIO_Pin_15)，即将 KEY0 这个符号与 STM32F103R6 芯片的 PA15 引脚关联起来，而 PA15 引脚就是仿真中的按键控制引脚，GPIO_ReadInputDataBit 函数使用介绍如图 2 - 10 所示。

```
1  #ifndef __KEY_H
2  #define __KEY_H
3  #include "sys.h"
4
5  #define KEY0  GPIO_ReadInputDataBit(GPIOA,GPIO_Pin_15)
6  void KEY_Init(void);
7
8  #endif
9
```

图 2 - 9

函数名	GPIO_ReadInputDataBit
函数原形	u8 GPIO_ReadInputDataBit(GPIO_TypeDef* GPIOx, u16 GPIO_Pin)
功能描述	读取指定端口管脚的输入
输入参数 1	GPIOx: x 可以是 A, B, C, D 或者 E, 来选择 GPIO 外设
输入参数 2	GPIO_Pin: 待读取的端口位 参阅 Section: GPIO_Pin 查阅更多该参数允许取值范围
输出参数	无
返回值	输入端口管脚值
先决条件	无
被调用函数	无

图 2-10

继续在左侧项目导航区鼠标左键双击点开 key. c 文件, 在中间区域将出现 key. c 源文件的具体内容, 如图 2-11 所示, void KEY_Init(void)这个函数内部的代码对 PA15 引脚的模式进行了配置。

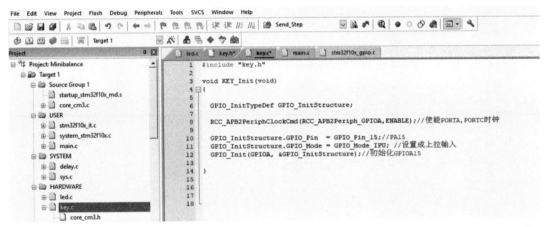

图 2-11

在 void KEY_Init(void)这个函数内部的代码分为以下几部分:

1) 定义一个结构体变量

通过 GPIO_InitTypeDef GPIO_InitStructure; 这条代码实现了一个具体的结构变量, 其名称为 GPIO_InitStructure。

2) 打开端口时钟

利用 RCC_APB2PeriphClockCmd(RCC_APB2Periph_GPIOA, ENABLE); 这条代码打开端口 A 的时钟, 而在操纵 STM32 的资源时每一块资源都需要单独打开才能够正常被使用。

3) 对端口通道进行赋值

STM32F103R6 芯片的 A 组端口通道共有 16 个引脚 (PA0 ~ PA15), 在此通过 GPIO_InitStructure. GPIO_Pin = GPIO_Pin_15; 这条代码选中 PA15 端口引脚。

4) 对端口通道模式进行设置

STM32F103R6 芯片的每个端口可以设置为 8 种模式, 分别为输入浮空、输入上拉、输入下拉、模拟输入、开漏输出、推挽输出、推挽式复用功能、开漏复用功能, 在此通过 GPIO_InitStructure. GPIO_Mode = GPIO_Mode_IPU; 代码将端口配置成上拉输入模式。

5) 完成端口初始化配置

在对 GPIO_InitStructure 结构变量内部数据进行赋值后, 即通过代码 GPIO_Init(GPIOA,

&GPIO_InitStructure）；完成对 GPIOA 端口的初始化操作。

在 led.h 和 led.c 文件中的内容与上章"项目一 LED 指示灯设计"中的文件内容一致，在主函数 main 中通过对 LED0 = KEY0 代码的调用以使得 STM32 芯片的 LED0（PA8）输出端口的状态与 KEY0（PA15）的状态一致。

在完成了程序代码修改后，需要鼠标左键单击软件左上方的"Build"按键，即可开始对程序进行编译，生成可烧写的 Hex 代码，如图 2 - 12 所示，在图中最下方的 Build Output 窗口可见当前编译的输出信息。

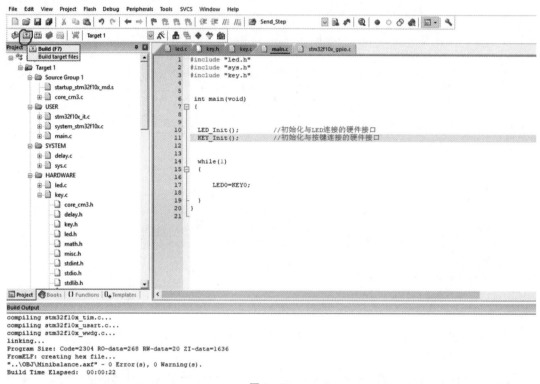

图 2 - 12

在工程目录下的"HARDWARE"文件夹下的子文件夹"KEY"下建立 key.c 和 key.h 两个文件，"HARDWARE"文件夹的子文件夹"LED"下的 led.c 和 led.h 两个文件内容保持不变。

"key.h"头文件内的代码如下：

```
#ifndef __KEY_H
#define __KEY_H
#include "sys.h"
#define KEY0  GPIO_ReadInputDataBit(GPIOA,GPIO_Pin_15)
void KEY_Init(void);
#endif
```

"key.c"源文件内的代码如下：

```
#include "key.h"
void KEY_Init(void)
   {
```

```
GPIO_InitTypeDef GPIO_InitStructure;

RCC_APB2PeriphClockCmd(RCC_APB2Periph_GPIOA,ENABLE);
GPIO_InitStructure.GPIO_Pin   = GPIO_Pin_15;
GPIO_InitStructure.GPIO_Mode = GPIO_Mode_IPU;
GPIO_Init(GPIOA, &GPIO_InitStructure);
}
```

"main. c"源文件内的代码如下：

```
#include "led.h"
#include "sys.h"
#include "key.h"
 int main(void)
 {
        LED_Init();
        KEY_Init();
        while(1)
         {
           LED0 = KEY0;
         }
 }
```

（3）效果验证

在仿真图形中，鼠标左键双击芯片，即弹出图 2 - 13 所示界面，此时鼠标左键单击"文件夹"按钮，找到工程文件夹下 OBJ 子文件夹内编译生成的后缀名为 Hex 的文件，鼠标左键单击右上角的"OK"按钮，即完成了程序的装载。

任务一实施效果
（扫码观看）

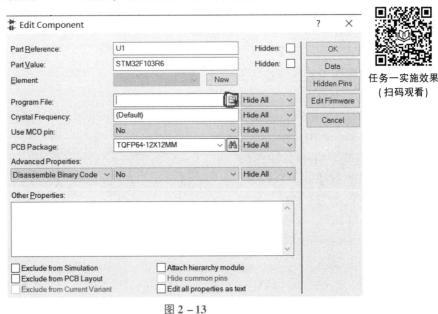

图 2 - 13

回到仿真界面，鼠标左键单击左下角的"仿真运行"按键，如图 2 - 14 所示，在绘图区中央可见 LED 指示灯会随着按键按下被点亮，按键松开则熄灭，从而验证了项目的可行性。

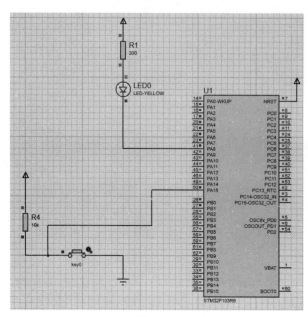

图 2 – 14

任务二　多输入键控指示灯设计

任务目标

①掌握多输入键控指示灯的工作原理。

②掌握在 KEIL5.0 中 STM32 多个输入端口的配置方法。

③掌握多输入键控指示灯的程序设计方法。

任务描述

设计一个多输入键控指示灯仿真项目，通过程序的设计可同时通过多个按键控制多个 LED 指示灯变化。

项目运行平台：PROTEUS8.9。

软件开发平台：KEIL5.0。

MCU 芯片选用：STM32F103R6。

LED 指示灯控制端口：PA4、PC12、PC15 分别连接到 LED0、LED1、LED2 的阴极。

按键输入控制端口：PB1、PC7、PD2 分别连接到作为 3 个按键 KEY0、KEY1、KEY2 的输入控制端，当按键未按下时端口为高电平状态，按键按下之后则为低电平状态。

具体要求：

任务运行后，初始状态 LED0、LED1、LED2 指示灯均熄灭，按下 KEY0 按键则 LED0 指示灯点亮，按下 KEY1 按键则 LED1 指示灯点亮，按下 KEY2 按键则 LED2 指示灯点亮。

任务实施

（1）电路设计

将仿真中所需用到的元件调入绘图区，如图 2 - 15 所示，鼠标移动到指示灯 D1 上右键单击，如图 2－16 所示，在弹出的选择框中选择"Edit Properties"，将弹出元件属性编辑对话框，在此对话框中将元件名称由 D1 修改为 LED0，如图 2－17 所示，修改完成后鼠标左键单击"OK"按钮则完成了元件名称的修改，如图 2－18 所示，同理将 D2、D3 修改为 LED1、LED2，按钮 BUTTON 也相应修改为 KEY0、KEY1 和 KEY2，最后完成的元件布局图如图 2－19 所示。

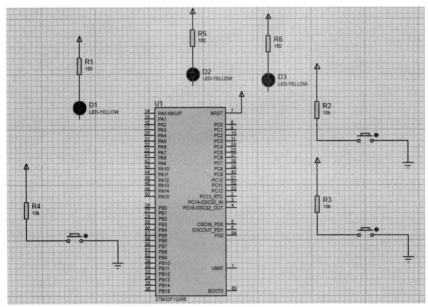

图 2－15

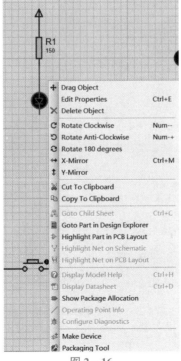

图 2－16

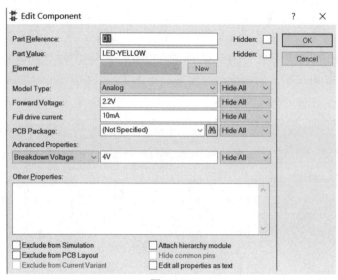

图 2 – 17

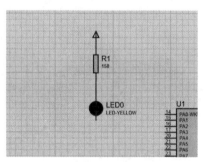

图 2 – 18

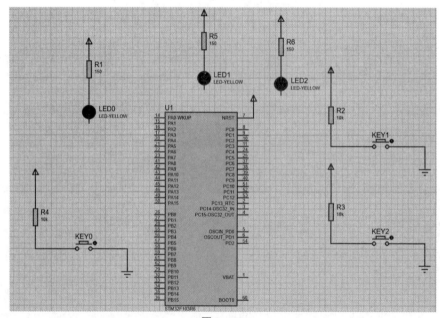

图 2 – 19

将 LED0、LED1、LED2 三个指示灯元件的阴极分别连接到 STM32 芯片的 PA4、PC12、PC15，将三个按钮 KEY0、KEY1、KEY2 的左端分别连接到 PB1、PC7、PD2，完成电气连接后的仿真图如图 2 – 20 所示。

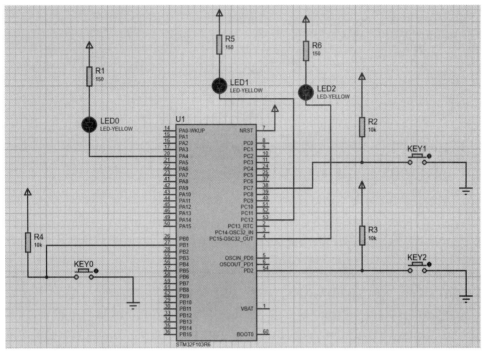

图 2 – 20

（2）软件编程

打开按键输入设计软件工程文件，利用鼠标左键双击左侧项目导航区的 main. c 文件，在软件的中间区域将出现 main. c 源文件的具体内容，如图 2 – 21 所示，在 main. c 源文件内可见主函数 main（void），主函数 main 是程序的入口函数，代码从这个函数开始往下执行。在 main（void）函数内包含了 LED_Init（）初始化函数以及 KEY_Init（）初始化函数。其中 LED_Init（）初始化函数用于配置 STM32F103R6 芯片连接到 LED 指示灯的端口 PA4、PC12、PC15，KEY_Init（）初始化函数用于配置 STM32F103R6 芯片连接到 BUTTON 按键的端口 PB1、PC7、PD2。而在 while（1）循环体内部有 if – else 选择分支的代码，则用于根据按键输入的状态控制对应的 LED 指示灯输出电平，在 if – else 语句中程序首先判断是否满足 0 == KEY0 这个条件，满足这个条件即说明 KEY0 这个按键按下去了，此时令 LED0 = 0、LED = 1，LED2 = 1，即 LED0 指示灯点亮，LED1 与 LED2 均熄灭；如果 KEY0 这个按键未按下去，则继续检测 0 == KEY1 这个条件是否满足，如果满足则令 LED1 点亮，LED0 与 LED2 均熄灭；如果 KEY1 这个按键也未按下去，则继续检测 0 == KEY2 这个条件是否满足，如果满足则令 LED2 点亮，LED0 与 LED1 均熄灭。

在左侧项目导航区鼠标左键点开 HARDWARE 文件夹下的 key. c 文件左侧的 + 号，将会展开多个文件，随后鼠标左键双击 key. h 文件，在中间区域将出现 key. h 头文件的具体内容，在 key. h 头文件中利用如下代码进行定义：

```
int main(void)
{

    LED_Init();
    KEY_Init();


    while(1)
    {
        if(0==KEY0)
        {
            LED0=0;LED1=1;LED2=1;
        }
        else if(0==KEY1)
        {
            LED0=1;LED1=0;LED2=1;
        }
        else if(0==KEY2)
        {
            LED0=1;LED1=1;LED2=0;
        }
    }
}
```

图 2 - 21

```
#define KEY0  GPIO_ReadInputDataBit(GPIOB,GPIO_Pin_1)
#define KEY1  GPIO_ReadInputDataBit(GPIOC,GPIO_Pin_7)
#define KEY2  GPIO_ReadInputDataBit(GPIOD,GPIO_Pin_2),
```

即将 KEY0、KEY1、KEY2 分别与 PB1、PC7、PD2 三个引脚关联起来。

继续在左侧项目导航区鼠标左键双击点开 key.c 文件，在中间区域将出现 key.c 源文件的具体内容，void KEY_Init(void)函数内部的代码对 PB1、PC7、PD2 三个引脚的模式进行了配置。

RCC_APB2PeriphClockCmd(RCC_APB2Periph_GPIOB | RCC_APB2Periph_GPIOC | RCC_APB2Periph_GPIOD,ENABLE)；这条代码可以同时使能 B 组、C 组和 D 组端口的时钟资源。

随后再通过端口配置代码分别将 PB1、PC7、PD2 三个端口配置为输入模式，其配置程序代码如图 2 - 22 所示。

```
void KEY_Init(void)
{

    GPIO_InitTypeDef GPIO_InitStructure;

    RCC_APB2PeriphClockCmd(RCC_APB2Periph_GPIOB|RCC_APB2Periph_GPIOC|RCC_APB2Periph_GPIOD,ENABLE);

    GPIO_InitStructure.GPIO_Pin  = GPIO_Pin_1;
    GPIO_InitStructure.GPIO_Mode = GPIO_Mode_IPU;
    GPIO_Init(GPIOB, &GPIO_InitStructure);

    GPIO_InitStructure.GPIO_Pin  = GPIO_Pin_7;
    GPIO_InitStructure.GPIO_Mode = GPIO_Mode_IPU;
    GPIO_Init(GPIOC, &GPIO_InitStructure);

    GPIO_InitStructure.GPIO_Pin  = GPIO_Pin_2;
    GPIO_InitStructure.GPIO_Mode = GPIO_Mode_IPU;
    GPIO_Init(GPIOD, &GPIO_InitStructure);

}
```

图 2 - 22

在工程目录下的"HARDWARE"文件夹的子文件夹"KEY"内有 key.c 和 key.h 两个文件。"HARDWARE"文件夹的子文件夹"LED"内有 led.c 和 led.h 两个文件。

"key. h" 头文件内的代码如下:

```
#ifndef __KEY_H
#define __KEY_H
#include "sys.h"
#define KEY0  GPIO_ReadInputDataBit(GPIOB,GPIO_Pin_1)
#define KEY1  GPIO_ReadInputDataBit(GPIOC,GPIO_Pin_7)
#define KEY2  GPIO_ReadInputDataBit(GPIOD,GPIO_Pin_2)
void KEY_Init(void);
#endif
```

"key. c" 源文件内的代码如下:

```
#include "key.h"

void KEY_Init(void)
{
  GPIO_InitTypeDef GPIO_InitStructure;
  RCC_APB2PeriphClockCmd(RCC_APB2Periph_GPIOB | RCC_APB2Periph_GPIOC | RCC_
APB2Periph_GPIOD,ENABLE);
  GPIO_InitStructure.GPIO_Pin  = GPIO_Pin_1;
  GPIO_InitStructure.GPIO_Mode = GPIO_Mode_IPU;
  GPIO_Init(GPIOB, &GPIO_InitStructure);
  GPIO_InitStructure.GPIO_Pin  = GPIO_Pin_7;
  GPIO_InitStructure.GPIO_Mode = GPIO_Mode_IPU;
  GPIO_Init(GPIOC, &GPIO_InitStructure);
  GPIO_InitStructure.GPIO_Pin  = GPIO_Pin_2;
  GPIO_InitStructure.GPIO_Mode = GPIO_Mode_IPU;
  GPIO_Init(GPIOD, &GPIO_InitStructure);
}
```

"led. h" 头文件内的代码如下:

```
#ifndef __LED_H
#define __LED_H
#include "sys.h"
#define LED0 PAout(4)
#define LED1 PCout(12)
#define LED2 PCout(15)
void LED_Init(void);
#endif
```

"led. c" 源文件内的代码如下:

```
#include "led.h"
void LED_Init(void)
{
  GPIO_InitTypeDef  GPIO_InitStructure;
  RCC_APB2PeriphClockCmd(RCC_APB2Periph_GPIOA | RCC_APB2Periph_GPIOC,ENA-
BLE);
  GPIO_InitStructure.GPIO_Pin = GPIO_Pin_4;
  GPIO_InitStructure.GPIO_Mode = GPIO_Mode_Out_PP;
  GPIO_InitStructure.GPIO_Speed = GPIO_Speed_2MHz;
```

```
GPIO_Init(GPIOA, &GPIO_InitStructure);
GPIO_SetBits(GPIOA,GPIO_Pin_4);

GPIO_InitStructure.GPIO_Pin = GPIO_Pin_12;
GPIO_InitStructure.GPIO_Mode = GPIO_Mode_Out_PP;
GPIO_InitStructure.GPIO_Speed = GPIO_Speed_2MHz;
GPIO_Init(GPIOC, &GPIO_InitStructure);
GPIO_SetBits(GPIOC,GPIO_Pin_12);

GPIO_InitStructure.GPIO_Pin = GPIO_Pin_15;
GPIO_InitStructure.GPIO_Mode = GPIO_Mode_Out_PP;
GPIO_InitStructure.GPIO_Speed = GPIO_Speed_2MHz;
GPIO_Init(GPIOC, &GPIO_InitStructure);
GPIO_SetBits(GPIOC,GPIO_Pin_15);
}
```

"main. c" 源文件内的代码如下：

```
#include "led.h"
#include "sys.h"
#include "key.h"
 int main(void)
  {
     LED_Init();
     KEY_Init();
        while(1)
        {
            if(0 == KEY0)
                {
                        LED0 = 0;LED1 = 1;LED2 = 1;
                }
            else if(0 == KEY1)
                {
                        LED0 = 1;LED1 = 0;LED2 = 1;
                }
            else if(0 == KEY2)
                {
                        LED0 = 1;LED1 = 1;LED2 = 0;
                }
        }
  }
```

（3）效果验证

在仿真图形中，鼠标左键双击芯片，即弹出图 2 - 23 所示界面，此时鼠标左键单击"文件夹"按钮，找到工程文件夹下 OBJ 子文件夹内编译生成的后缀名为 Hex 的文件，鼠标左键单击右上角的"OK"按钮，即完成了程序的装载。

回到仿真界面，鼠标左键单击左下角的"仿真运行"按键，如图 2 - 24 所示，在绘图区中央可见 LED1 指示灯会随着按键 KEY1 按下被点亮，按键松开则熄灭，同理按键 KEY0、KEY2 可分别控制 LED0、LED2 指示灯，从而验证了项目的可行性。

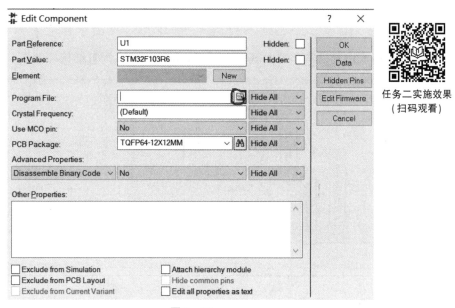

任务二实施效果
（扫码观看）

图 2 - 23

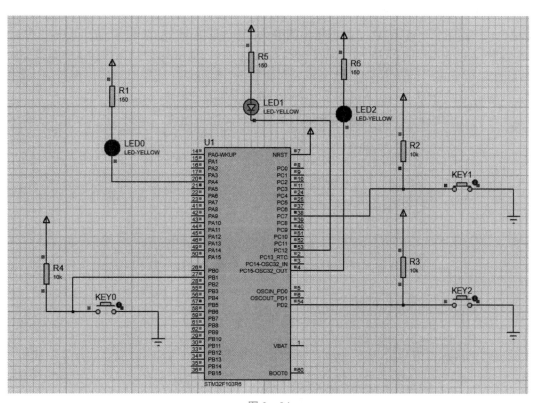

图 2 - 24

项目延伸知识点

上拉下拉输入设置是本章的关键知识点，上拉下拉输入配置结构如图 2 – 25 所示。

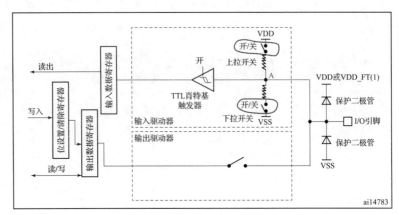

图 2 – 25

在图 2 – 25 中可见，当闭合上拉开关，断开下拉开关时，上拉通路导通，如果 I/O 引脚处于断开状态，此时 A 点的电位也就被钳制在了 VDD（供电电压正极），此时读出的电平状态为高电平，这就是端口的上拉输入模式。同理，闭合下拉开关，断开上拉开关时，A 点的电位也就被钳制在 VSS（GND），此时读出的电平状态为低电平，这就是端口的下拉输入模式。

如图 2 – 26 所示，PA15 端口通过电阻 R4 连接到 VDD 正电源，当按键 KEY0 按下时，PA15 端口就被拉到 VSS（GND）低电平，因而此 PA15 端口在配置时就应该配置为上拉输入，从而确保在按键 KEY0 未按下去时 PA15 端口为高电平状态。

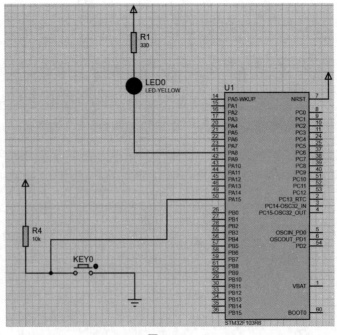

图 2 – 26

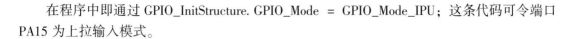

在程序中即通过 GPIO_InitStructure. GPIO_Mode ＝ GPIO_Mode_IPU；这条代码可令端口 PA15 为上拉输入模式。

拓展任务训练

1.1 键控指示灯闪烁设计

（1）任务目标

①掌握 PROTEUS 软件的键控指示灯闪烁仿真图设计方法。

②掌握 KEIL 软件的设计开发流程。

③掌握键控指示灯闪烁程序设计方法。

（2）任务概述

设计一个键控指示灯闪烁电路，按键按下则指示灯闪烁。

项目运行平台：PROTEUS。

软件开发平台：KEIL5.0。

MCU 芯片选用：STM32F103R6。

LED0 端口：PB1。

KEY0 端口：PC1。

（3）任务要求

任务运行的初始状态指示灯熄灭，当按键 KEY0 按下则 LED0 开始闪烁。

（4）任务实施

对项目进行电路仿真图纸设计及软件程序编制，编译无误后可在 PROTEUS 仿真平台上进行仿真。仿真实现项目功能后，可以下载到嵌入式硬件平台上，用一个独立按键来控制一个指示灯闪烁。

（5）键控指示灯闪烁技能考核

学号		姓名		小组成员	
安全评价	违反用电安全规定 总评成绩计 0 分	总评成绩			
素质目标	1. 职业素养：遵守工作时间，使用实践设备时注意用电安全。 2. 团结协作：小组成员具有协作精神和团队意识。 3. 劳动素养：具有劳动意识，实践结束后，能整理清洁好工作台面，为其他同学实践创造良好的环境			学生自评 （2分）	
				小组互评 （2分）	
				教师考评 （6分）	
				素质总评 （10分）	

知识 目标	1. 掌握 PROTEUS 软件的使用。 2. 掌握 KEIL5.0 设计开发流程。 3. 掌握 C 语言输入方法。 4. 掌握键控指示灯闪烁设计思路	学生自评 （10 分）	
		教师考评 （20 分）	
		知识总评 （30 分）	
能力 目标	1. 能设计键控指示灯闪烁电路。 2. 能实现项目的功能要求。 3. 能就任务的关键知识点完成互动答辩	学生自评 （10 分）	
		小组互评 （10 分）	
		教师考评 （40 分）	
		能力总评 （60 分）	

1.2　双键控 6 指示灯设计

（1）任务目标

①掌握 PROTEUS 软件的双键控 6 指示灯仿真图设计方法。

②掌握 KEIL 软件的设计开发流程。

③掌握双键控 6 指示灯程序设计方法。

（2）任务概述

设计一个双键控 6 指示灯电路，不同按键按下可实现对应指示灯闪烁效果。

项目运行平台：PROTEUS。

软件开发平台：KEIL5.0。

MCU 芯片选用：STM32F103R6。

KEY0 端口：PB0。

KEY1 端口：PB1。

LED0 端口：PC0。

LED1 端口：PC1。

LED2 端口：PC2。

LED3 端口：PC3。

LED4 端口：PC4。

LED5 端口：PC5。

（3）任务要求

任务运行的初始状态指示灯熄灭，按键 KEY0 按下则 LED0、LED2、LED4 开始闪烁，

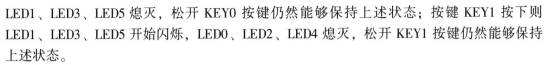

LED1、LED3、LED5 熄灭，松开 KEY0 按键仍然能够保持上述状态；按键 KEY1 按下则 LED1、LED3、LED5 开始闪烁，LED0、LED2、LED4 熄灭，松开 KEY1 按键仍然能够保持上述状态。

（4）任务实施

对项目进行电路仿真图纸设计及软件程序编制，编译无误后可在 PROTEUS 仿真平台上进行仿真。仿真实现项目功能后，可以下载到嵌入式硬件平台上，用三个独立按键控制 6 个指示灯进行输出显示。

（5）双键控 6 指示灯技能考核

学号		姓名		小组成员	
安全评价	违反用电安全规定 总评成绩计 0 分		总评成绩		
素质目标	1. 职业素养：遵守工作时间，使用实践设备时注意用电安全。 2. 团结协作：小组成员具有协作精神和团队意识。 3. 劳动素养：具有劳动意识，实践结束后，能整理清洁好工作台面，为其他同学实践创造良好的环境			学生自评 （2 分）	
				小组互评 （2 分）	
				教师考评 （6 分）	
				素质总评 （10 分）	
知识目标	1. 掌握 PROTEUS 软件的使用。 2. 掌握 KEIL5.0 设计开发流程。 3. 掌握 C 语言输入方法。 4. 掌握双键控 6 指示灯设计思路			学生自评 （10 分）	
				教师考评 （20 分）	
				知识总评 （30 分）	
能力目标	1. 能设计双键控 6 指示灯电路。 2. 能实现项目的功能要求。 3. 能就任务的关键知识点完成互动答辩			学生自评 （10 分）	
				小组互评 （10 分）	
				教师考评 （40 分）	
				能力总评 （60 分）	

思考与练习

1. 简述利用 RCC_APRCC_APB2PeriphClockCmd ( ) 函数同时打开 A、B、C 端口的操作步骤。

2. 简述端口设置为上拉输入和下拉输入的方法及其内部的结构原理。

3. 在多输入键控指示灯中，如果将按键 KEY0、KEY1、KEY2 对应的端口修改为 PB10、PB11、PC0，应该如何修改程序？

4. 在按键输入项目中，端口 PA15 被配置为下拉输入，那么仿真图中按键部分的设计应该如何修改？

项目三

设计通用定时器

项目背景

高端智能化工业设备的精密时间控制是通过定时器来实现的，通过本项目的学习可掌握定时器的概念、原理及编程技巧，从而有助于进一步深入学习现代化产业体系下的嵌入式开发技术。

项目目标

1. 掌握 PROTEUS 软件绘制定时器仿真电路图的设计方法。
2. 掌握定时器的概念和原理。
3. 掌握定时器的程序设计方法。
4. 掌握基于定时器实现流水灯的程序设计方法。

职业素养

> 细节体现责任，细节体现素质，细节决定成功。

任务一 定时器控制设计

任务目标

①掌握 PROTEUS 软件的定时器仿真图设计方法。
②掌握定时器的库函数特点。
③掌握定时器控制 LED 指示灯的程序设计方法。
④掌握定时器中断优先级的设计方法。

任务描述

设计一个定时器控制项目，可通过定时器设计控制 LED 指示灯闪烁。
项目运行平台：PROTEUS。

软件开发平台：KEIL5.0。

MCU 芯片选用：STM32F103R6。

LED 指示灯控制端口：STM32 的 PA8 端口连接到 LED 指示灯的阴极，LED 指示灯的阳极通过上拉电阻连接到正电源。

具体要求：

任务运行后，LED 指示灯闪烁，LED 指示灯由亮到暗（或由暗到亮）的仿真时间为 0.2 s。

任务实施

（1）电路设计

在仿真电路设计界面鼠标左键单击图 3 − 1 中的图标 P，弹出 "Pick Devices" 对话框，依次添加 STM32F103R6、RES、LED − YELLOW 这些元件，随后将这些元件调入仿真绘图区，并调出 POWER 端子后按图 3 − 2 所示完成电路连线。

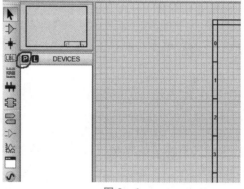

图 3 − 1

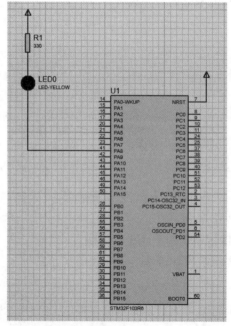

图 3 − 2

（2）软件编程

扫描本页右侧二维码下载任务一软件例程，下载后的文件夹名称为"3.1 定时器控制设计"，进入文件夹可见其多个子文件夹，如图 3 – 3 所示，打开 USER 文件夹后鼠标左键双击 KEIL5 软件工程图标即可打开软件程序工程，其界面如图 3 – 4 所示。

任务一软件例程
（扫码下载）

BALANCE　　CORE　　HARDWARE　　OBJ　　STM32F10x_FW　　SYSTEM　　USER　　定时器控制设计.
　　　　　　　　　　　　　　　　　　　　Lib　　　　　　　　　　　　　　　pdsprj

图 3 – 3

图 3 – 4

在图 3 – 4 软件工程界面的左侧区域为项目导航区，通过鼠标左键单击导航区中的文件夹及程序文件即可在界面中间的代码编辑区看到文件内的程序代码，代码编辑区上方有已打开的程序文件的标签页，通过鼠标左键单击不同标签页即可将不同文件的代码在代码编辑区内显示出来。

利用鼠标左键双击左侧项目导航区的 main.c 文件，在软件的中间区域将出现 main.c 源文件的具体内容，如图 3 – 4 所示，在 main.c 源文件内可见主函数 main(void)，主函数 main 是程序的入口函数，代码从这个函数开始往下执行。在 main(void) 函数内包含了 LED_Init() 初始化函数以及 TIM3_Int_Init(1999,7199) 初始化函数。其中 LED_Init() 初始化函数用于配置 STM32F103R6 芯片连接到 LED0 指示灯的端口 PA8，LED_Init() 初始化函数之后的条代码 LED0 = 1 则用于将指示灯 LED0 初始化为熄灭状态；随后出现的 TIM3_Int_Init(1999,7199) 初始化函数用于配置 STM32F103R6 芯片内的定时器 3。在 while(1) 循环体内部则没有任何程序代码。

在左侧项目导航区鼠标左键点开 HARDWARE 文件夹下的 timer.c 文件左侧的 + 号，将会展开多个文件，随后鼠标左键双击 timer.h 文件，在中间区域将出现 timer.h 头文件的具体内容，如图 3 – 5 所示，在 timer.h 头文件中利用代码 void TIM3_Int_Init(u16 arr,u16 psc); 对定时器初始化函数进行了声明，这个初始化函数的定义部分是在 timer.c 文件中实现的。

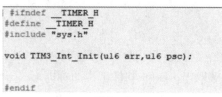

图 3 - 5

继续在左侧项目导航区鼠标左键双击点开 timer.c 文件，在中间区域将出现 timer.c 源文件的具体内容，在 timer.c 源文件内包含了两个函数：TIM3_Int_Init(u16 arr,u16 psc)与 TIM3_IRQHandler(void)，其中 TIM3_Int_Init(u16 arr,u16 psc)函数是定时器 3 的初始化配置函数，而 TIM3_IRQHandler(void)函数则是定时器 3 的中断处理函数。下面对这两个函数讲解如下：

TIM3_Int_Init(u16 arr,u16 psc)函数用于对定时器 3 进行配置，它被使用时需要调用两个参数 arr 与 psc，这个函数内部的代码分为以下几部分：

1）定义两个结构体变量

通过 TIM_TimeBaseInitTypeDef   TIM_TimeBaseStructure；这条代码实现了一个具体的结构变量，其名称为 TIM_TimeBaseStructure，对这个结构变量 TIM_TimeBaseStructure 内部数据进行赋值即可实现定时器的属性设置。

通过 NVIC_InitTypeDef   NVIC_InitStructure；这条代码实现了一个具体的结构变量，其名称为 NVIC_InitStructure，对这个结构变量 NVIC_InitStructure 内部数据进行赋值即可实现定时器的中断优先级属性设置。

2）打开端口时钟

利用 RCC_APB1PeriphClockCmd(RCC_APB1Periph_TIM3，ENABLE)；这条代码打开定时器 3 的时钟。RCC_APB1PeriphClockCmd 函数使用介绍如图 3 - 6 所示。可利用 RCC_APB1PeriphClockCmd 这个函数打开的资源如图 3 - 7 所示。

函数名	RCC_APB1PeriphClockCmd
函数原形	void RCC_APB1PeriphClockCmd(u32 RCC_APB1Periph, FunctionalState NewState)
功能描述	使能或者失能 APB1 外设时钟
输入参数 1	RCC_APB1Periph: 门控 APB1 外设时钟 参阅 Section: RCC_APB1Periph 查阅更多该参数允许取值范围
输入参数 2	NewState: 指定外设时钟的新状态 这个参数可以取: ENABLE 或者 DISABLE
输出参数	无
返回值	无
先决条件	无
被调用函数	无

图 3 - 6

RCC_AHB1Periph	描述
RCC_APB1Periph_TIM2	TIM2 时钟
RCC_APB1Periph_TIM3	TIM3 时钟
RCC_APB1Periph_TIM4	TIM4 时钟
RCC_APB1Periph_WWDG	WWDG 时钟
RCC_APB1Periph_SPI2	SPI2 时钟
RCC_APB1Periph_USART2	USART2 时钟
RCC_APB1Periph_USART3	USART3 时钟
RCC_APB1Periph_I2C1	I2C1 时钟
RCC_APB1Periph_I2C2	I2C2 时钟
RCC_APB1Periph_USB	USB 时钟
RCC_APB1Periph_CAN	CAN 时钟

图 3 - 7

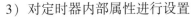

3）对定时器内部属性进行设置

通过代码 TIM_TimeBaseStructure. TIM_Prescaler = psc；可将 TIM3_Int_Init 函数调用时的参数 psc 赋值给 TIM_TimeBaseStructure 结构变量的内部数据 TIM_Prescaler，这条代码所起到的作用是分频。对于 STM32 其工作频率是 72 MHz，分频后定时器的工作频率为 72 MHz/$(psc+1)$；

TIM_TimeBaseStructure. TIM_Period = arr；可将 TIM3_Int_Init 函数调用时的参数 arr 赋值给 TIM_TimeBaseStructure 结构变量的内部数据 TIM_Period，TIM_Period 是定时器的自动重装值。

代码 TIM_TimeBaseStructure. TIM_CounterMode = TIM_CounterMode_Up；用于将定时器的计数方式设置为向上计数，定时器的计数方式共分为向上计数、向下计数、中央对齐计数三种方式。

向上计数：即定时器从 0 计数到自动重装值，然后重新从 0 开始计数并且产生一个计数器溢出事件。

向下计数：即定时器从自动重装值开始向下计数到 0，然后从自动装入的值重新开始，并产生一个计数器溢出事件。

中央对齐计数：计数器从 0 开始计数到自动重装值 -1，然后向下计数到 1，然后再从 0 开始重新计数。

4）完成端口初始化配置

在对 TIM_TimeBaseStructure 结构变量内部数据进行赋值后，通过代码 TIM_TimeBaseInit（TIM3，&TIM_TimeBaseStructure）；可完成对定时器 3 的初始化操作。

在主函数 main 中通过调用定时器初始化函数 TIM3_Int_Init（1999，7199）可设置定时器 3 的定时时间为 0.02 s。

下面结合初始化函数 TIM3_Int_Init（1999，7199）对定时器的定时过程介绍如下：

TIM3_Int_Init（1999，7199）初始化函数的第二个参数是分频因子，当它为 7 199 时将使得定时器的工作频率为 72M/$(7\ 199+1)=10\ 000$，此时定时器的工作周期为工作频率的倒数 0.1 ms。

TIM3_Int_Init（1999，7199）初始化函数的第一个参数是自动重装值，定时器的定时时间 = 定时器工作周期 × （自动重装值 + 1） = $0.1\ ms \times 2\ 000 = 0.2\ s$。

5）使能定时器中断

TIM3 中断使能是通过 TIM_ITConfig 函数来实现的。此函数的功能介绍如图 3 - 8 所示。

函数名	TIM_ITConfig
函数原形	void TIM_ITConfig(TIM_TypeDef* TIMx, u16 TIM_IT, FunctionalState NewState)
功能描述	使能或者失能指定的 TIM 中断
输入参数 1	TIMx: x 可以是 2，3 或者 4，来选择 TIM 外设
输入参数 2	TIM_IT: 待使能或者失能的 TIM 中断源 参阅 Section: TIM_IT 查阅更多该参数允许取值范围
输入参数 3	NewState：TIMx 中断的新状态 这个参数可以取：ENABLE 或者 DISABLE
输出参数	无
返回值	无
先决条件	无
被调用函数	无

图 3 - 8

TIM_ITConfig 函数共有 3 个参数，第一个参数是选择定时器号；第二个参数非常关键，是用来指明我们使能的定时器中断的类型，定时器中断的类型有多种，包括更新中断 TIM_IT_Update、触发中断 TIM_IT_Trigger，以及输入捕获中断等，具体可选的中断类型如图 3 – 9 所示，本项目选择的中断类型是 TIM_IT_Update；第三个参数是使能还是失能设置，ENABLE 表示使能，DISABLE 则表示失能。

TIM_IT	描述
TIM_IT_Update	TIM 中断源
TIM_IT_CC1	TIM 捕获/比较 1 中断源
TIM_IT_CC2	TIM 捕获/比较 2 中断源
TIM_IT_CC3	TIM 捕获/比较 3 中断源
TIM_IT_CC4	TIM 捕获/比较 4 中断源
TIM_IT_Trigger	TIM 触发中断源

图 3 – 9

6）定时器中断优先级设置

在完成定时器中断使能后，因为要产生中断，所以需要对定时器的优先级进行设置。

通过代码 NVIC_InitStructure. NVIC_IRQChannel = TIM3_IRQn；将 NVIC_InitStructure 结构变量所指向的通道设置为 TIM3，利用代码 NVIC_InitStructure. NVIC_IRQChannelPreemptionPriority = 0；将定时器 3 的抢占优先级设置为 0 级，利用代码 NVIC_InitStructure. NVIC_IRQChannelSubPriority = 3；将定时器 3 的响应优先级设置为 3 级，随后再利用代码 NVIC_InitStructure. NVIC_IRQChannelCmd = ENABLE；使得定时器 3 的中断优先级设置为使能状态，最后利用 NVIC_Init（&NVIC_InitStructure）；完成 TIM3 中断优先级的初始化操作。NVIC_Init 函数的功能介绍如图 3 – 10 所示。

函数名	NVIC_Init
函数原形	void NVIC_Init(NVIC_InitTypeDef* NVIC_InitStruct)
功能描述	根据 NVIC_InitStruct 中指定的参数初始化外设 NVIC 寄存器
输入参数	NVIC_InitStruct：指向结构 NVIC_InitTypeDef 的指针，包含了外设 GPIO 的配置信息 参阅 Section：NVIC_InitTypeDef 查阅更多该参数允许取值范围
输出参数	无
返回值	无
先决条件	无
被调用函数	无

图 3 – 10

7）定时器使能设置

在完成了定时器 3 的初始化配置以及定时器 3 的中断优先级设置后，即可通过代码 TIM_Cmd（TIM3，ENABLE）；对定时器 3 实现使能操作。TIM_Cmd 函数的功能介绍如图 3 – 11 所示。

函数名	TIM_Cmd
函数原形	void TIM_Cmd(TIM_TypeDef* TIMx, FunctionalState NewState)
功能描述	使能或者失能 TIMx 外设
输入参数 1	TIMx：x 可以是 2，3 或者 4，来选择 TIM 外设
输入参数 2	NewState：外设 TIMx 的新状态 这个参数可以取：ENABLE 或者 DISABLE
输出参数	无
返回值	无
先决条件	无
被调用函数	无

图 3 – 11

8）定时器中断处理函数设置

通过在主函数中调用 TIM3_Int_Init(1999,7199) 即可实现定时器 3 的 0.2 s 的定时时间设置，每隔 0.2 s 定时时间到了之后程序就会自动转到定时器中断处理函数内去执行代码，定时器中断处理函数是在 timer.c 文件内实现的，其代码如图 3 – 12 所示。

```
void TIM3_IRQHandler(void)
{
  if (TIM_GetITStatus(TIM3, TIM_IT_Update) != RESET)
    {
    TIM_ClearITPendingBit(TIM3, TIM_IT_Update  );
    LED0=!LED0;
    }
}
```

图 3 – 12

这个函数 TIM3_IRQHandler 是系统函数，名称不可更改，每次定时器定时时间 0.2 s 到了之后将自动转入此函数执行其内部的程序代码。

if (TIM_GetITStatus(TIM3, TIM_IT_Update)! = RESET) 用于再次判断定时器进入中断处理函数是否为计时时间到引起的，如果是则 TIM_GetITStatus(TIM3, TIM_IT_Update)! = RESET 为真，随后通过代码 TIM_ClearITPendingBit(TIM3, TIM_IT_Update)；清除中断标志位。TIM_ClearITPendingBit 函数的功能介绍如图 3 – 13 所示。

函数名	TIM_ClearITPendingBit
函数原形	void TIM_ClearITPendingBit(TIM_TypeDef* TIMx, u16 TIM_IT)
功能描述	清除 TIMx 的中断待处理位
输入参数 1	TIMx: x 可以是 2，3 或者 4，来选择 TIM 外设
输入参数 2	TIM_IT: 待检查的 TIM 中断待处理位 参阅 Section: TIM_IT 查阅更多该参数允许取值范围
输出参数	无
返回值	无
先决条件	无
被调用函数	无

图 3 – 13

在定时器中断处理函数中添加 LED0 = ! LED0 代码，通过这条代码每次进入定时器中断处理函数都会让 LED0 指示灯取反一次。

在工程目录下的"HARDWARE"文件夹的"TIMER"子文件夹下建立有 timer.c 和 timer.h 两个文件。"HARDWARE"文件夹的"LED"子文件夹内有 led.c 和 led.h 两个文件，它们与项目一中的 led.c 和 led.h 文件内容一致。

"timer.h"头文件内的代码如下：

```
#ifndef __TIMER_H
#define __TIMER_H
#include "sys.h"
void TIM3_Int_Init(u16 arr,u16 psc);
#endif
```

"timer.c"源文件内的代码如下：

```
#include "key.h"
#include "timer.h"
```

```
#include "led.h"
void TIM3_Int_Init(u16 arr,u16 psc)
{
  TIM_TimeBaseInitTypeDef  TIM_TimeBaseStructure;
  NVIC_InitTypeDef NVIC_InitStructure;
  RCC_APB1PeriphClockCmd(RCC_APB1Periph_TIM3, ENABLE);
  TIM_TimeBaseStructure.TIM_Prescaler =psc;
  TIM_TimeBaseStructure.TIM_Period = arr;
  TIM_TimeBaseStructure.TIM_CounterMode = TIM_CounterMode_Up;
  TIM_TimeBaseInit(TIM3, &TIM_TimeBaseStructure);
  TIM_ITConfig(TIM3,TIM_IT_Update,ENABLE);
  NVIC_InitStructure.NVIC_IRQChannel = TIM3_IRQn;
  NVIC_InitStructure.NVIC_IRQChannelPreemptionPriority = 0;
  NVIC_InitStructure.NVIC_IRQChannelSubPriority = 3;
  NVIC_InitStructure.NVIC_IRQChannelCmd = ENABLE;
  NVIC_Init(&NVIC_InitStructure);
  TIM_Cmd(TIM3, ENABLE);
}


void TIM3_IRQHandler(void)
{
  if(TIM_GetITStatus(TIM3, TIM_IT_Update) != RESET)
      {
      TIM_ClearITPendingBit(TIM3, TIM_IT_Update  );
      LED0 =!LED0;
      }
}
```

"main. c"源文件内的代码如下:

```
#include "sys.h"
#include "timer.h"
            int main(void)
            {
                LED_Init();
                LED0 =1;
                TIM3_Int_Init(1999,7199);
                while(1)
                {
                }
            }
```

（3）效果验证

在仿真图形中，鼠标左键双击 STM32 芯片，找到工程文件夹下 OBJ 子文件夹内编译生成的后缀名为 Hex 的文件，完成程序的装载，在仿真图中双击 STM32 芯片，将晶振频率改为"72M"，如图 3-14 所示。

回到仿真界面，鼠标左键单击左下角的"仿真运行"按键，如图 3-15 所示，在绘图区中央可见 LED0 指示灯闪烁，LED0 指示灯由亮到暗（或由暗到亮）的仿真时间为 0.2 s，仿真时间可通过图 3-15 左下角标注仿真时间处进行观测。

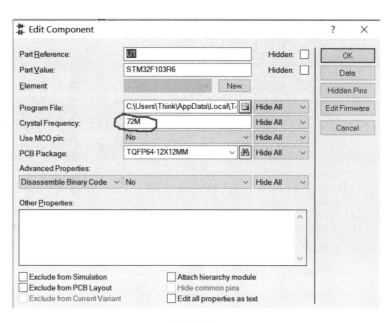

图 3－14

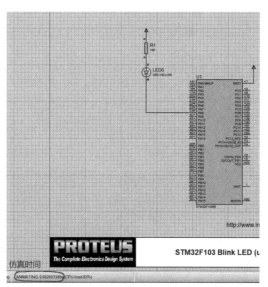

任务一实施效果
（扫码观看）

图 3－15

任务二　基于定时器的流水灯项目设计

任务目标

①掌握 PROTEUS 软件下流水灯仿真图设计方法。

②掌握流水灯的工作原理。

③掌握定时器控制流水灯工作的程序设计方法。

任务描述

设计一个基于定时器的流水灯显示项目。

项目运行平台：PROTEUS。

软件开发平台：KEIL5.0。

MCU 芯片选用：STM32F103R6。

LED 指示灯控制端口：STM32 的 PC0～PC7 端口分别连接到流水灯 LED0～LED7 的阴极，流水灯 LED0～LED7 的阳极通过上拉电阻连接到正电源。

具体要求：

任务运行后，初始阶段 LED0～LED7 指示灯均处于熄灭状态，间隔 0.2 s 仿真时间后 LED0 开始点亮，再间隔 0.2 s 仿真时间后 LED1 开始点亮……，直到所有指示灯都点亮，当所有指示灯均点亮之后再隔 0.2 s 则又恢复到只有 LED0 被点亮的状态，随后再重新逐渐点亮所有指示灯。

任务实施

（1）电路设计

在仿真电路设计界面鼠标左键单击图 3－16 中的图标 P，弹出"Pick Devices"对话框，依次添加 STM32F103R6、RESPACK－8、LED－YELLOW 等元件，随后将这些元件调入仿真绘图区，并调出 POWER 端子，RESPACK－8 是排阻，它有 9 个端子，其中端子 1 是公共端接电源，端子 2～9 是引出的排阻端子，分别连接到 LED0～LED7，起到限流的作用，LED0～LED7 连接到 STM32 芯片的 PC0～PC7 端口，按图 3－17 所示完成电路连线实现项目的仿真图设计。

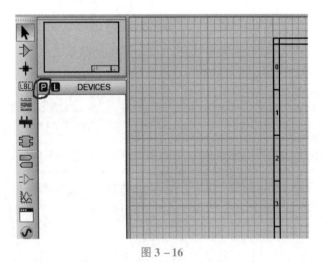

图 3－16

（2）软件编程

本任务是在任务一（定时器控制设计）的基础上修改实现的，利用鼠标左键双击项目导航区的 main.c 文件，在软件的中间区域将出现 main.c 源文件的具体内容，如图 3－18 所示，在 main.c 源文件内可见主函数 main(void)，主函数 main 是程序的入口函数，代码从这个函数开始往下执行。在 main(void) 函数内包含了 LED_Init() 初始化函数以及 TIM3_Int_

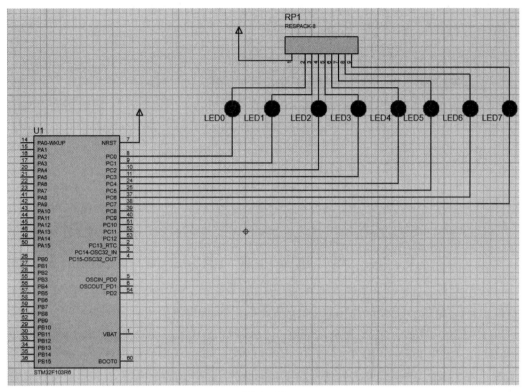

图 3 – 17

Init(1999,7199)初始化函数。其中 LED_Init( )初始化函数用于配置 STM32F103R6 芯片连接到 LED 指示灯的端口 PC0 ~ PC7，LED_Init( )初始化函数之后的代码 LED0 = 1；LED1 = 1；LED2 = 1；LED3 = 1；LED4 = 1；LED5 = 1；LED6 = 1；LED7 = 1；则用于将指示灯 LED0 ~ LED7 初始化为熄灭状态。随后出现的 TIM3 _Int_Init(1999,7199)初始化函数用于配置 STM32F103R6 芯片内的定时器 3。在 while(1)循环体内部则没有任何程序代码。

```
#include "led.h"
#include "delay.h"
#include "sys.h"

int main(void)
{

LED_Init();
LED0=1; LED1=1;LED2=1;LED3=1;LED4=1;LED5=1;LED6=1;LED7=1;
TIM3_Int_Init(1999,7199);
while(1)
{

}
}
```

图 3 – 18

在左侧项目导航区鼠标左键点开 HARDWARE 文件夹下的 led. c 文件左侧的 + 号，将会展开多个文件，随后鼠标左键双击 led. h 文件，在中间区域将出现 led. h 头文件的具体内容，如图 3 – 19 所示，在 led. h 头文件中利用代码#define LED0 PCout(0)将 LED0 这个符号与 STM32F103R6 芯片的 PC0 引脚关联起来，同理，利用类似代码将 LED0～LED7 与 PC0～PC7 端口进行关联。

```
#ifndef __LED_H
#define __LED_H
#include "sys.h"

#define LED0 PCout(0)
#define LED1 PCout(1)
#define LED2 PCout(2)
#define LED3 PCout(3)
#define LED4 PCout(4)
#define LED5 PCout(5)
#define LED6 PCout(6)
#define LED7 PCout(7)

void LED_Init(void);//初始化


#endif
```

图 3－19

继续在左侧项目导航区鼠标左键双击点开 led.c 文件，在中间区域将出现 led.c 源文件的具体内容，如图 3－20 所示，void LED_Init(void) 函数内部的代码对 PC0～PC7 引脚的模式进行了配置，相对于之前介绍的 LED 指示灯配置代码，此处的变化是代码 GPIO_InitStructure.GPIO_Pin = GPIO_Pin_All；（即将 GPIO_InitStructure 结构变量的引脚属性值设置为 GPIO_Pin_All），这样设置之后则可对端口的所有引脚同时进行配置，从而使得代码更加简洁高效。

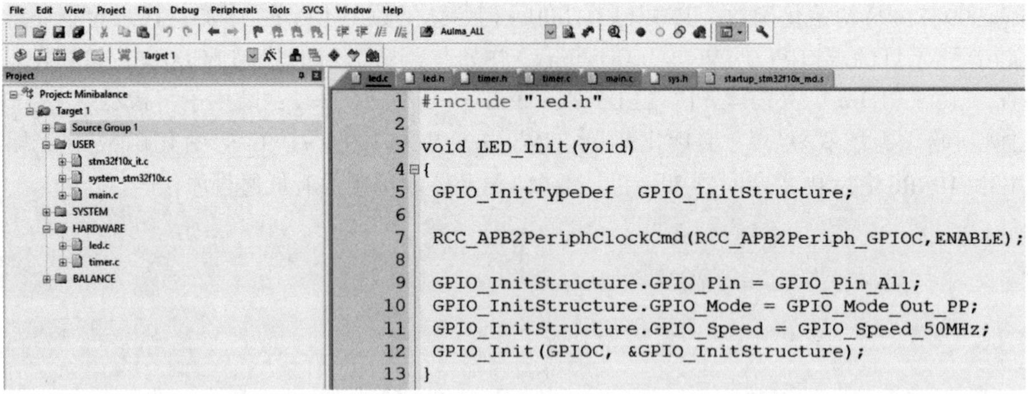

图 3－20

在左侧项目导航区鼠标左键点开 HARDWARE 文件夹下的 timer.c 文件，随后鼠标左键双击 timer.c 文件，在中间区域将出现 timer.c 头文件的具体内容，在定时器中断处理函数 void TIM3_IRQHandler(void) 内添加代码，如图 3－21 所示。

在这段代码中使用了 switch…case…语句，switch…case…是一种程序选择分支语句，作用与 if…else…类似，但是在分支较多的情况下，应用 switch…case…可使得程序的可读性更强，在使用 switch…case…语句过程中引入了一个变量 m，根据 switch(m) 中变量 m 的值确定运行哪一个 case 分支语句。初始情况下还未进入定时器中断处理函数，所有指示灯均熄

```
void TIM3_IRQHandler(void)
{
  if (TIM_GetITStatus(TIM3, TIM_IT_Update) != RESET)
    {
    TIM_ClearITPendingBit(TIM3, TIM_IT_Update );
      switch(m)
      {
        case(0):LED0=0; LED1=1;LED2=1;LED3=1;LED4=1;LED5=1;LED6=1;LED7=1; break;
        case(1):LED0=0; LED1=0;LED2=1;LED3=1;LED4=1;LED5=1;LED6=1;LED7=1; break;
        case(2):LED0=0; LED1=0;LED2=0;LED3=1;LED4=1;LED5=1;LED6=1;LED7=1; break;
        case(3):LED0=0; LED1=0;LED2=0;LED3=0;LED4=1;LED5=1;LED6=1;LED7=1; break;
        case(4):LED0=0; LED1=0;LED2=0;LED3=0;LED4=0;LED5=1;LED6=1;LED7=1; break;
        case(5):LED0=0; LED1=0;LED2=0;LED3=0;LED4=0;LED5=0;LED6=1;LED7=1; break;
        case(6):LED0=0; LED1=0;LED2=0;LED3=0;LED4=0;LED5=0;LED6=0;LED7=1; break;
        case(7):LED0=0; LED1=0;LED2=0;LED3=0;LED4=0;LED5=0;LED6=0;LED7=0; break;
      }
      m=m+1;
      if(8==m) m=0;
    }
}
```

图 3 - 21

灭，当经过 0.2 s 的定时时间后第 1 次进入定时器中断处理函数，此时 m 为 0，根据 case(0)语句令 LED0 = 0，即令 LED0 点亮，其余指示灯仍然保持熄灭状态；当再经过 0.2 s 的定时时间后第 2 次进入定时器中断处理函数，此时 m 为 1，根据 case(1)语句令 LED0 = 0，LED1 = 0，即令 LED0、LED1 均点亮，其余指示灯仍然保持熄灭状态。按此规律令所有指示灯都点亮后，此时程序判断 m 变为 8 后再重新令其为 0，从而又开始一个新的循环。

　　在工程目录下的"HARDWARE"文件夹的"LED"子文件夹下建立有 led. c 和 led. h 两个文件。"HARDWARE"文件夹的"TIMER"子文件夹下建立有 timer. c 和 timer. h 两个文件。另在"USER"文件夹下有"main. c"源文件。这些文件内的代码如下：

　　"led. h"头文件内的代码如下：

```
#ifndef __LED_H
#define __LED_H
#include "sys.h"
#define LED0 PCout(0)
#define LED1 PCout(1)
#define LED2 PCout(2)
#define LED3 PCout(3)
#define LED4 PCout(4)
#define LED5 PCout(5)
#define LED6 PCout(6)
#define LED7 PCout(7)
void LED_Init(void);
#endif
```

　　"led. c"头文件内的代码如下：

```
#include "led.h"
void LED_Init(void)
{
GPIO_InitTypeDef  GPIO_InitStructure;
RCC_APB2PeriphClockCmd(RCC_APB2Periph_GPIOC,ENABLE);
GPIO_InitStructure.GPIO_Pin = GPIO_Pin_All;
```

```
 GPIO_InitStructure.GPIO_Mode = GPIO_Mode_Out_PP;
 GPIO_InitStructure.GPIO_Speed = GPIO_Speed_50MHz;
 GPIO_Init(GPIOC, &GPIO_InitStructure);
}
```

"timer. h" 头文件内的代码如下：

```
#ifndef __TIMER_H
#define __TIMER_H
#include "sys.h"
void TIM3_Int_Init(u16 arr,u16 psc);
#endif
```

"timer. c" 源文件内的代码如下：

```
#include "key.h"
#include "timer.h"
#include "led.h"
u8 m = 0;
void TIM3_Int_Init(u16 arr,u16 psc)
{
   TIM_TimeBaseInitTypeDef  TIM_TimeBaseStructure;
   NVIC_InitTypeDef NVIC_InitStructure;
   RCC_APB1PeriphClockCmd(RCC_APB1Periph_TIM3, ENABLE);
   TIM_TimeBaseStructure.TIM_Prescaler =psc;
   TIM_TimeBaseStructure.TIM_Period = arr;
   TIM_TimeBaseStructure.TIM_CounterMode = TIM_CounterMode_Up;
   TIM_TimeBaseInit(TIM3, &TIM_TimeBaseStructure);
   TIM_ITConfig(TIM3,TIM_IT_Update,ENABLE);
   NVIC_InitStructure.NVIC_IRQChannel = TIM3_IRQn;
   NVIC_InitStructure.NVIC_IRQChannelPreemptionPriority = 0;
   NVIC_InitStructure.NVIC_IRQChannelSubPriority = 3;
   NVIC_InitStructure.NVIC_IRQChannelCmd = ENABLE;
   NVIC_Init(&NVIC_InitStructure);
   TIM_Cmd(TIM3, ENABLE);
}


void TIM3_IRQHandler(void)
{
  if (TIM_GetITStatus(TIM3, TIM_IT_Update) ! = RESET)
     {
     TIM_ClearITPendingBit(TIM3, TIM_IT_Update  );
     switch(m)
          {
     case(0):LED0 =0;LED1 =1;LED2 =1;LED3 =1;LED4 =1;LED5 =1;LED6 =1;LED7 =1;break;
     case(1):LED0 =0;LED1 =0;LED2 =1;LED3 =1;LED4 =1;LED5 =1;LED6 =1;LED7 =1;break;
     case(2):LED0 =0;LED1 =0;LED2 =0;LED3 =1;LED4 =1;LED5 =1;LED6 =1;LED7 =1;break;
     case(3):LED0 =0;LED1 =0;LED2 =0;LED3 =0;LED4 =1;LED5 =1;LED6 =1;LED7 =1;break;
     case(4):LED0 =0;LED1 =0;LED2 =0;LED3 =0;LED4 =0;LED5 =1;LED6 =1;LED7 =1;break;
     case(5):LED0 =0;LED1 =0;LED2 =0;LED3 =0;LED4 =0;LED5 =0;LED6 =1;LED7 =1;break;
     case(6):LED0 =0;LED1 =0;LED2 =0;LED3 =0;LED4 =0;LED5 =0;LED6 =0;LED7 =1;break;
     case(7):LED0 =0;LED1 =0;LED2 =0;LED3 =0;LED4 =0;LED5 =0;LED6 =0;LED7 =0;break;
          }
```

```
            m = m + 1;
            if(8 == m) m = 0;
        }
    }
```

"main. c" 源文件内的代码如下：

```
#include "led.h"
#include "delay.h"
#include "sys.h"
#include "key.h"
            int main(void)
            {
                LED_Init();
                LED0 = 1;LED1 = 1;LED2 = 1;LED3 = 1;LED4 = 1;LED5 = 1;LED6 = 1;LED7 = 1;
                TIM3_Int_Init(1999,7199);
                while(1)
                {
                }
            }
```

（3）效果验证

在仿真图形中，鼠标左键双击 STM32 芯片，即弹出图 3 – 22 所示界面，此时鼠标左键单击"文件夹"按钮，找到工程文件夹下 OBJ 子文件夹内编译生成的后缀名为 Hex 的文件，鼠标左键单击右上角的"OK"按钮，即完成了程序的装载，在仿真图中双击 STM32 芯片，将晶振频率改为"72M"。

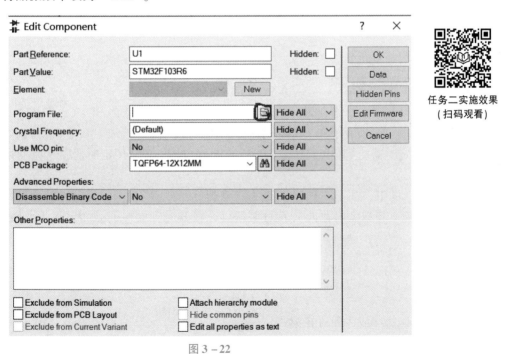

任务二实施效果
（扫码观看）

图 3 – 22

回到仿真界面，鼠标左键单击左下角的"仿真运行"按键，在绘图区中央可见指示灯在全部熄灭的状态下逐渐到所有指示灯均点亮，如图 3 – 23 所示，项目验证成功。

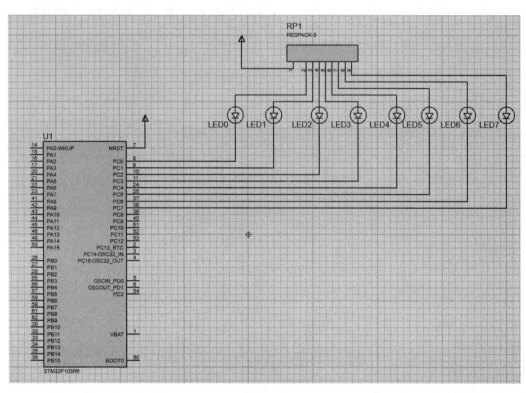

图 3 – 23

项目延伸知识点

1.1 通用定时器介绍

STM32 共有 8 个定时器 TIM1、TIM2、TIM3、TIM/4、TIM5、TIM6、TIM7、TIM8，（STM32 芯片根据其型号所拥有的定时器不同，本项目应用的 STM32F103R6 芯片有 TIM1、TIM2、TIM3 三个定时器），其中 TIM2、TIM3、TIM4、TIM5 为通用定时器，这些通用定时器的功能如下：

①16 位向上、向下、向上/向下自动装载计数器。

②16 位可编程（可以实时修改）预分频器，计数器时钟频率的分频系数为 1～65 536 之间的任意数值。

③4 个独立通道：

—输入捕获；

—输出比较；

—PWM 生成（边缘或中间对齐模式）；

—单脉冲模式输出。

④使用外部信号控制定时器和定时器互连的同步电路。

⑤如下事件发生时产生中断/DMA：

—更新：计数器向上溢出/向下溢出，计数器初始化（通过软件或者内部/外部触发）；

一触发事件（计数器启动、停止、初始化或者由内部/外部触发计数）；

一输入捕获；

一输出比较。

⑥支持针对定位的增量（正交）编码器和霍尔传感器电路。

⑦触发输入作为外部时钟或者按周期的电流管理。

下面对通用定时器的一些重要概念进行介绍。

（1）时基单元

通用定时器的主要部分是一个 16 位计数器和与其相关的自动装载寄存器，这个 16 位计数器可以向上计数、向下计数或者向上向下双向计数，此计数器时钟由预分频器分频得到。计数器、自动装载寄存器和预分频器寄存器可以由软件读写。

时基单元包含：

①计数器寄存器（TIMx_CNT）。

②预分频器寄存器（TIMx_PSC）。

③自动装载寄存器（TIMx_ARR）。

上述三个寄存器的功能介绍如图 3 - 24 所示，此外定时器重要的控制寄存器 TIMx_CR1 及其各位描述如图 3 - 25 所示。

图 3 - 24

预分频器可以将计数器的时钟频率按 1 ~ 65 536 之间的任意值分频。它是基于一个（在 TIMx_PSC 寄存器中的）16 位寄存器控制的 16 位计数器，这个控制寄存器带有缓冲器，它能够在工作时被改变，新的预分频器参数在下一次更新事件到来时被采用。图 3 - 26 是当预分频器的参数从 1 变到 2 时的定时器工作时序图。

15	14	13	12	11	10	9	8	7	6	5	4	3	2	1	0
保留						CKD[1:0]		ARPE	CMS[1:0]		DIR	OPM	URS	UDIS	CEN
						rw	rw	rw	rw	rw	rw	rw	rw	rw	rw

位15:10	保留，始终读为0。
位9:8	**CKD[1:0]**：时钟分频因子 (Clock division) 定义在定时器时钟(CK_INT)频率与数字滤波器(ETR，Tlx)使用的采样频率之间的分频比例。 00：$t_{DTS} = t_{CK\_INT}$ 01：$t_{DTS} = 2 \times t_{CK\_INT}$ 10：$t_{DTS} = 4 \times t_{CK\_INT}$ 11：保留
位7	**ARPE**：自动重装载预装载允许位 (Auto-reload preload enable) 0：TIMx_ARR寄存器没有缓冲； 1：TIMx_ARR寄存器被装入缓冲器。
位6:5	**CMS[1:0]**：选择中央对齐模式 (Center-aligned mode selection) 00：边沿对齐模式。计数器依据方向位(DIR)向上或向下计数。 01：中央对齐模式1。计数器交替地向上和向下计数。配置为输出的通道(TIMx_CCMRx寄存器中CCxS=00)的输出比较中断标志位，只在计数器向下计数时被设置。 10：中央对齐模式2。计数器交替地向上和向下计数。配置为输出的通道(TIMx_CCMRx寄存器中CCxS=00)的输出比较中断标志位，只在计数器向上计数时被设置。 11：中央对齐模式3。计数器交替地向上和向下计数。配置为输出的通道(TIMx_CCMRx寄存器中CCxS=00)的输出比较中断标志位，在计数器向上和向下计数时均被设置。
位4	**DIR**：方向 (Direction) 0：计数器向上计数； 1：计数器向下计数。 注：当计数器配置为中央对齐模式或编码器模式时，该位为只读。
位3	**OPM**：单脉冲模式 (One pulse mode) 0：在发生更新事件时，计数器不停止； 1：在发生下一次更新事件(清除CEN位)时，计数器停止。
位2	**URS**：更新请求源 (Update request source) 软件通过该位选择UEV事件的源
位1	**UDIS**：禁止更新 (Update disable) 软件通过该位允许/禁止UEV事件的产生 0：允许UEV。更新(UEV)事件由下述任一事件产生： 　　– 计数器溢出/下溢 　　– 设置UG位 　　– 从模式控制器产生的更新 具有缓存的寄存器被装入它们的预装载值。(译注：更新影子寄存器) 1：禁止UEV。不产生更新事件，影子寄存器(ARR、PSC、CCRx)保持它们的值。如果设置了UG位或从模式控制器发出了一个硬件复位，则计数器和预分频器被重新初始化。
位0	**CEN**：使能计数器 0：禁止计数器； 1：使能计数器。 注：在软件设置了CEN位后，外部时钟、门控模式和编码器模式才能工作。触发模式可以自动地通过硬件设置CEN位。 在单脉冲模式下，当发生更新事件时，CEN被自动清除。

图 3 – 25

（2）定时器的计数模式

向上计数：即定时器从0计数到自动重装值，然后重新从0开始计数并且产生一个计数器溢出事件，向上计数模式下的定时器工作时序图如图3 – 27所示。

向下计数：即定时器从自动重装开始向下计数到0，然后从自动装入的值重新开始，并产生一个计数器溢出事件，向下计数模式下的定时器工作时序图如图3 – 28所示。

中央对齐计数：计数器从0开始计数到自动装入的值，然后向下计数到0，然后再从0开始重新计数，中央对齐计数模式下的定时器工作时序图如图3 – 29所示。

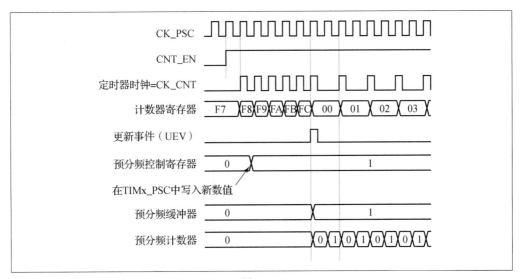

图 3 - 26

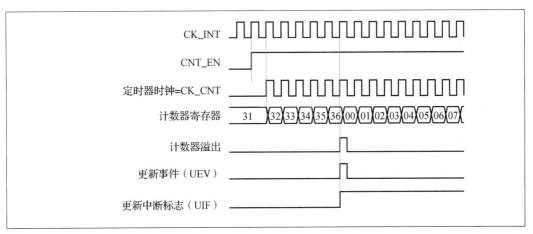

图 3 - 27

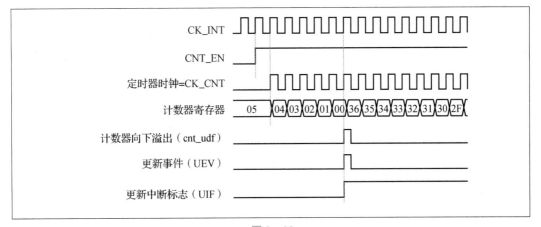

图 3 - 28

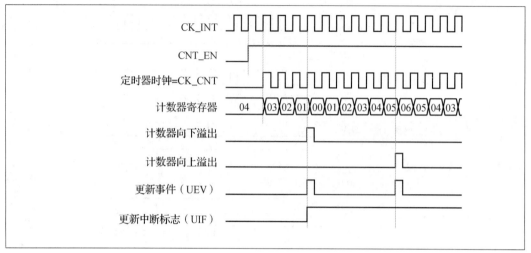

图 3 – 29

1.2 NVIC 介绍

向量中断控制器简称 NVIC，是 Cortex – M3 不可分离的一部分，STM32（Cortex – M3）中有两个优先级的概念：抢占式优先级和响应优先级，每个中断源都需要被指定这两种优先级。高级别抢占优先级的中断事件会打断低级别抢占优先级正在运行的程序；在抢占优先级相同的情况下，高响应优先级的中断优先被响应，但如果低响应优先级中断正在执行，高响应优先级的中断要等待已被响应的低响应优先级中断执行结束后才能得到响应。

具有高抢占式优先级的中断可以在具有低抢占式优先级的中断处理过程中被响应，即中断的嵌套，或者说高抢占式优先级的中断可以嵌套低抢占式优先级的中断。

当两个中断源的抢占式优先级相同时，这两个中断将没有嵌套关系，当一个中断到来后，如果正在处理另一个中断，这个后到来的中断就要等到前一个中断处理完之后才能被处理。如果这两个中断同时到达，则中断控制器根据它们的响应优先级高低来决定先处理哪一个；如果它们的抢占式优先级和响应优先级都相等，则根据它们在中断表中的排位顺序决定先处理哪一个。

在进行 NVIC 设置时一般遵循以下步骤：

（1）分组

中断优先级的分组是通过 NVIC_PriorityGroupConfig 函数来设置的。该函数的使用介绍如图 3 – 30 所示，而这个函数的可选参数如图 3 – 31 所示。

Table 269. 函数 NVIC_PriorityGroupConfig

函数名	NVIC_PriorityGroupConfig
函数原形	void NVIC_PriorityGroupConfig(u32 NVIC_PriorityGroup)
功能描述	设置优先级分组：先占优先级和从优先级
输入参数	NVIC_PriorityGroup：优先级分组位长度 参阅 Section：NVIC_PriorityGroup 查阅更多该参数允许取值范围
输出参数	无
返回值	无
先决条件	优先级分组只能设置一次
被调用函数	无

图 3 – 30

Table 270. NVIC_PriorityGroup 值

NVIC_PriorityGroup	描述
NVIC_PriorityGroup_0	先占优先级 0 位 从优先级 4 位
NVIC_PriorityGroup_1	先占优先级 1 位 从优先级 3 位
NVIC_PriorityGroup_2	先占优先级 2 位 从优先级 2 位
NVIC_PriorityGroup_3	先占优先级 3 位 从优先级 1 位
NVIC_PriorityGroup_4	先占优先级 4 位 从优先级 0 位

图 3 - 31

如图 3 - 31 所示，根据参数的不同选择可将 NVIC 设置为不同的组：

NVIC_PriorityGroup_0 => 选择第 0 组；NVIC_PriorityGroup_1 => 选择第 1 组；

NVIC_PriorityGroup_2 => 选择第 2 组；NVIC_PriorityGroup_3 => 选择第 3 组；

NVIC_PriorityGroup_4 => 选择第 4 组。

选择不同的组会影响抢占优先级以及响应优先级的位数，具体对应如下：

第 0 组：所有 4 位用于指定响应优先级；

第 1 组：最高 1 位用于指定抢占式优先级，最低 3 位用于指定响应优先级；

第 2 组：最高 2 位用于指定抢占式优先级，最低 2 位用于指定响应优先级；

第 3 组：最高 3 位用于指定抢占式优先级，最低 1 位用于指定响应优先级；

第 4 组：所有 4 位用于指定抢占式优先级。

（2）中断属性设置及初始化

以本章定时器项目为例，定时器 3 的设置如图 3 - 32 所示，通过代码 NVIC_InitStructure.
NVIC_IRQChannel = TIM3_IRQn；将 NVIC_InitStructure 结构变量所指向的通道设置为 TIM3，
利用代码 NVIC_InitStructure. NVIC_IRQChannelPreemptionPriority =0；将定时器 3 的抢占式优
先级设置为 0 级，利用代码 NVIC_InitStructure. NVIC_IRQChannelSubPriority =3；将定时器 3
的子优先级设置为 3 级，随后再利用代码 NVIC _InitStructure. NVIC _IRQChannelCmd =
ENABLE；使得定时器 3 的中断优先级设置为使能状态，最后利用 NVIC_Init（&NVIC_Init-
Structure）；完成 TIM3 中断优先级的初始化操作。

```
NVIC_InitStructure.NVIC_IRQChannel = TIM3_IRQn;
NVIC_InitStructure.NVIC_IRQChannelPreemptionPriority = 0;
NVIC_InitStructure.NVIC_IRQChannelSubPriority = 3;
NVIC_InitStructure.NVIC_IRQChannelCmd = ENABLE;
NVIC_Init(&NVIC_InitStructure);
```

图 3 - 32

拓展任务训练

1.1　键控多定时器指示灯闪烁设计

（1）任务目标

①掌握 PROTEUS 软件的键控多定时器指示灯闪烁仿真图设计方法。

②掌握 KEIL 软件的设计开发流程。

③掌握键控多定时器指示灯闪烁程序设计方法。

（2）任务概述

设计一个键控多定时器指示灯闪烁电路，按键按下则启动定时器，相对应的指示灯闪烁。

项目运行平台：PROTEUS。

软件开发平台：KEIL5.0。

MCU 芯片选用：STM32F103R6。

LED0 端口：PA4。

LED1 端口：PC12。

KEY0 端口：PB1。

KEY1 端口：PC7。

（3）任务要求

任务运行的初始状态指示灯熄灭，当按下按键 KEY0，则启动了定时器 3，定时器 3 的定时时间为 0.2 s，每隔 0.2 s 的仿真定时时间到了之后则会令指示灯 LED0 取反 1 次，LED0 则呈现闪烁效果；当按下按键 KEY1，则启动了定时器 2，定时器 2 的定时时间为 0.1 s，每隔 0.1 s 的仿真定时时间到了之后则会令指示灯 LED1 取反 1 次，LED1 则呈现闪烁效果。

（4）任务实施

对项目进行电路仿真图纸设计及软件程序编制，编译无误后可在 PROTEUS 仿真平台上进行仿真。仿真实现项目功能后，可以下载到嵌入式硬件平台上，用 2 个独立按键来控制两个指示灯闪烁。

（5）键控多定时器指示灯闪烁技能考核

学号		姓名		小组成员	
安全评价	违反用电安全规定 总评成绩计 0 分		总评成绩		
素质目标	1. 职业素养：遵守工作时间，使用实践设备时注意用电安全。 2. 团结协作：小组成员具有协作精神和团队意识。 3. 劳动素养：具有劳动意识，实践结束后，能整理清洁好工作台面，为其他同学实践创造良好的环境		学生自评 （2 分）		
			小组互评 （2 分）		
			教师考评 （6 分）		
			素质总评 （10 分）		
知识目标	1. 掌握 PROTEUS 软件的使用。 2. 掌握 KEIL5.0 设计开发流程。 3. 掌握 C 语言输入方法。 4. 掌握键控多定时器指示灯闪烁设计思路		学生自评 （10 分）		
			教师考评 （20 分）		
			知识总评 （30 分）		

能力 目标	1. 能设计键控多定时器指示灯闪烁电路。 2. 能实现项目的功能要求。 3. 能就任务的关键知识点完成互动答辩	学生自评 （10 分）	
		小组互评 （10 分）	
		教师考评 （40 分）	
		能力总评 （60 分）	

1.2 一键启动交替闪烁指示灯

（1）任务目标

①掌握 PROTEUS 软件下一键启动交替闪烁指示灯仿真图项目设计方法。

②掌握 KEIL 软件的设计开发流程。

③掌握一键启动交替闪烁指示灯项目的程序设计方法。

（2）任务概述

设计一个一键启动交替闪烁指示灯电路，按下启动键即可实现对应指示灯交替闪烁的效果。

项目运行平台：PROTEUS。

软件开发平台：KEIL5.0。

MCU 芯片选用：STM32F103R6。

KEY0 端口：PB0。

LED0 端口：PC0。

LED1 端口：PC1。

LED2 端口：PC2。

LED3 端口：PC3。

（3）任务要求

任务运行的初始状态指示灯熄灭，当按下按键 KEY0，则启动了定时器 3，定时器 3 的定时时间为 0.1 s，每隔 0.1 s 的仿真定时时间到了之后，则会令指示灯 LED0 与 LED2 取反 1 次；在定时器 3 启动后过 1 s，定时器 2 开始启动，定时器 2 的定时时间也为 0.1 s，每隔 0.1 s 的仿真定时时间到了之后，则会令指示灯 LED1 与 LED3 取反 1 次，且 LED1 与 LED3 亮时正好 LED0 与 LED2 灭，LED0 与 LED2 亮时正好 LED1 与 LED3 灭。

（4）任务实施

对项目进行电路仿真图纸设计及软件程序编制，编译无误后可在 PROTEUS 仿真平台上进行仿真，仿真实现项目功能后，可以下载到嵌入式硬件平台上，用 1 个独立按键控制 4 个指示灯进行闪烁输出显示。

（5）一键启动交替闪烁指示灯技能考核

学号		姓名		小组成员	
安全 评价	违反用电安全规定 总评成绩计 0 分		总评成绩		
素质 目标	1. 职业素养：遵守工作时间，使用实践设备时注意用电安全。 2. 团结协作：小组成员具有协作精神和团队意识。 3. 劳动素养：具有劳动意识，实践结束后，能整理清洁好工作台面，为其他同学实践创造良好的环境			学生自评 （2 分）	
				小组互评 （2 分）	
				教师考评 （6 分）	
				素质总评 （10 分）	
知识 目标	1. 掌握 PROTEUS 软件的使用。 2. 掌握 KEIL5.0 设计开发流程。 3. 掌握 C 语言输入方法。 4. 掌握一键启动交替闪烁指示灯设计思路			学生自评 （10 分）	
				教师考评 （20 分）	
				知识总评 （30 分）	
能力 目标	1. 能设计一键启动交替闪烁指示灯电路。 2. 能实现项目的功能要求。 3. 能就任务的关键知识点完成互动答辩			学生自评 （10 分）	
				小组互评 （10 分）	
				教师考评 （40 分）	
				能力总评 （60 分）	

思考与练习

1. 介绍 RCC_APRCC_APB1PeriphClockCmd( ) 函数的作用以及利用这个函数能够打开的 STM32 内部资源有哪些。

2. 写出 TIM_TimeBaseInitTypeDef 结构变量有哪些内部数据并解释其含义？

3. 简述定时器的分频系数、自动重装值，利用定时器实现特定定时时间的计算方法。

4. 定时器计数共有几种模式？每种模式的特点是什么？

5. 简述 if…else…与 switch…case…语句的使用方法。

6. 通用定时器有哪些功能？什么是时基单元？

7. NVIC 的概念是什么？什么是抢占式优先级和响应优先级？对中断源进行优先级设置的步骤是什么？

项目四

设计外部中断

项目背景

高端智能化工业设备可通过外部中断实现一些功能事件的请求及响应,通过本项目的学习可掌握外部中断的概念、原理及编程技巧,有助于进一步深入学习现代化产业体系下的嵌入式开发技术。

项目目标

1. 掌握 PROTEUS 软件绘制外部中断电路图的设计方法。
2. 掌握嵌入式外部中断的概念和原理。
3. 掌握外部中断功能实现的程序设计方法。
4. 掌握外部中断集成定时器的应用技巧。

职业素养

明礼诚信、团结友善、勤俭自强、敬业奉献。

任务一 单个外部中断设计

任务目标

①掌握 PROTEUS 软件的外部中断仿真图设计方法。
②掌握外部中断的库函数特点。
③掌握外部中断控制 LED 指示灯的程序设计方法。
④掌握外部中断优先级的设计方法。

任务描述

设计一个外部中断控制项目,可通过外部中断控制 LED 指示灯闪烁。

项目运行平台:PROTEUS。

软件开发平台：KEIL5.0。

MCU 芯片选用：STM32F103R6。

外部中断端口 KEY0：KEY0 连接到 PC3 端口，端口 PC3 通过电阻被上拉到正电源，为高电平状态，当按键被按下时则端口 PC3 被拉至低电平。

LED0 指示灯控制端口：STM32 的 PA8 端口连接到 LED0 指示灯的阴极，LED0 指示灯的阳极通过上拉电阻连接到正电源。

具体要求：

任务运行后，LED0 指示灯熄灭，每次按键 KEY0 按下，LED0 指示灯由亮到灭（或由灭到亮）切换一次显示状态。

任务实施

（1）电路设计

在仿真电路设计界面打开 "Pick Devices" 对话框，依次添加 STM32F103R6、RES、LED – YELLOW、BUTTON 等元件，随后将这些元件调入仿真绘图区，并调出 POWER、GROUND 端子后按图 4 – 1 所示完成电路连线。

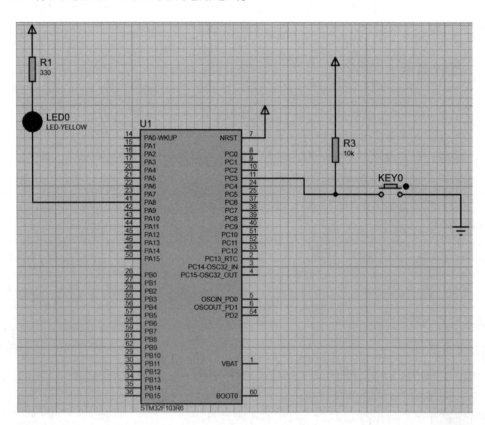

图 4 – 1

（2）软件编程

扫描本页右侧二维码下载任务一软件例程，下载后的文件夹名称为 "4.1 单个外部中断设计"，进入文件夹可见其多个子文件夹，如图 4 – 2 所

任务一软件例程
（扫码下载）

示，打开 USER 文件夹后鼠标左键双击 KEIL5 软件工程图标即可打开软件程序工程，其界面如图 4-3 所示。

BALANCE　　CORE　　HARDWARE　　OBJ　　STM32F10x_FW Lib　　SYSTEM　　USER　　单个外部中断设计.pdsprj

图 4-2

图 4-3

在图 4-3 所示软件工程界面的左侧区域为项目导航区，通过鼠标左键单击导航区中的文件夹及程序文件即可在界面中间的代码编辑区看到文件内的程序代码，代码编辑区上方有已打开的程序的文件标签页，通过鼠标左键单击不同标签页即可将不同文件的代码在代码编辑区内显示出来。

利用鼠标左键双击左侧项目导航区的 main. c 文件，在软件的中间区域将出现 main. c 源文件的具体内容，如图 4-3 所示，在 main. c 源文件内可见主函数 main（void），主函数 main 是程序的入口函数，代码从这个函数开始往下执行。在 main（void）函数内包含了 LED_Init（）初始化函数以及 EXTIX_Init（）初始化函数。其中 LED_Init（）初始化函数用于配置 STM32F103R6 芯片连接到 LED0 指示灯的端口 PA8，LED_Init（）初始化函数之后的代码 LED0 =1；则用于将指示灯 LED0 初始化为熄灭状态。随后出现的 EXTIX_Init（）初始化函数用于将 STM32F103R6 芯片的 PC3 端口配置为外部中断端口。在 while（1）循环体内部则没有任何程序代码。

在左侧项目导航区鼠标左键点开 HARDWARE 文件夹下的 exti. c 文件左侧的 + 号，将会展开多个文件，随后鼠标左键双击 exti. h 文件，在中间区域将出现 exti. h 头文件的具体内容，如图 4-4 所示，在 exti. h 头文件中利用代码 void EXTIX_Init（void）；对外部中断初始化函数进行了声明，这个初始化函数的定义部分是在 exti. c 文件中实现的。

```
#ifndef __EXTI_H
#define __EXIT_H
#include "sys.h"

void EXTIX_Init(void);

#endif
```

图 4 – 4

继续在左侧项目导航区鼠标左键双击点开 exti. c 文件，在中间区域将出现 exti. c 源文件的具体内容，在 exti. c 源文件内包含了两个函数：void EXTIX _ Init(void) 与 voidEXTI3_IRQHandler(void)，其中 EXTIX_Init(void) 函数是外部中断的初始化配置函数，而 EXTI3_IRQHandler(void) 函数则是外部中断 3 的中断处理函数。下面对这两个函数讲解如下：

EXTIX_Init(void) 函数用于对外部中断进行配置，使用它时不需要调用参数。这个函数内部的代码分为以下几部分：

1）定义两个结构体变量

通过 EXTI_InitTypeDef　EXTI_InitStructure；这条代码实现了一个具体的结构变量，其名称为 EXTI_InitStructure，对结构变量 EXTI_InitStructure 内部数据进行赋值即可实现外部中断的属性设置。

通过 NVIC_InitTypeDef　NVIC_InitStructure；这条代码实现了一个具体的结构变量，其名称为 NVIC_InitStructure，对结构变量 NVIC_InitStructure 内部数据进行赋值即可实现外部中断的中断优先级属性设置。

2）打开外部中断端口资源

利用 RCC_APB2PeriphClockCmd(RCC_APB2Periph_AFIO, ENABLE)；这条代码使能外部中断。RCC_APB2PeriphClockCmd 函数使用介绍如图 4 – 5 所示，此处函数的第一个参数是 RCC_APB2Periph_AFIO，这个参数的含义是功能复用 I/O 时钟，此处利用这个参数将原本为 I/O 端口的端口配置为外部中断功能。

函数名	RCC_APB2PeriphClockCmd
函数原形	void RCC_APB2PeriphClockCmd(u32 RCC_APB2Periph, FunctionalState NewState)
功能描述	使能或者失能 APB2 外设时钟
输入参数 1	RCC_APB2Periph: 门控 APB2 外设时钟 参阅 Section: RCC_APB2Periph 查阅更多该参数允许取值范围
输入参数 2	NewState: 指定外设时钟的新状态 这个参数可以取：ENABLE 或者 DISABLE
输出参数	无
返回值	无
先决条件	无
被调用函数	无

图 4 – 5

3）对外部中断内部属性进行设置

函数 GPIO_EXTILineConfig(GPIO_PortSourceGPIOC, GPIO_PinSource3) 用于将 PC3 端口设置为外部中断线路，该函数的具体介绍如图 4 – 6 所示。

函数名	GPIO_EXTILineConfig
函数原形	void GPIO_EXTILineConfig(u8 GPIO_PortSource, u8 GPIO_PinSource)
功能描述	选择 GPIO 管脚用作外部中断线路
输入参数 1	GPIO_PortSource：选择用作外部中断线源的 GPIO 端口 参阅 Section：GPIO_PortSource 查阅更多该参数允许取值范围
输入参数 2	GPIO_PinSource：待设置的外部中断线路 该参数可以取 GPIO_PinSourcex(x 可以是 0~15)
输出参数	无
返回值	无
先决条件	无
被调用函数	无

图 4 - 6

EXTI_InitStructure 这个结构变量内部包含 4 个属性值，如图 4 - 7 所示，现通过以下几条代码对其内部属性值进行赋值，利用代码 EXTI_InitStructure. EXTI_Line = EXTI_Line3；可将中断线路设置为线路 3，利用代码 EXTI_InitStructure. EXTI_Mode = EXTI_Mode_Interrupt；可将中断模式设置为中断请求模式，利用代码 EXTI_InitStructure. EXTI_Trigger = EXTI_Trigger_Falling；可将中断发生的触发机制设置为下降沿触发，利用代码 EXTI_InitStructure. EXTI_LineCmd = ENABLE；可将外部中断设置为使能属性。

```
typedef struct
{
  uint32_t EXTI_Line;

  EXTIMode_TypeDef EXTI_Mode;

  EXTITrigger_TypeDef EXTI_Trigger;

  FunctionalState EXTI_LineCmd;

}EXTI_InitTypeDef;
```

图 4 - 7

4）完成端口初始化配置

在对 EXTI_InitStructure 结构变量内部数据进行赋值后，通过代码 EXTI_Init（& EXTI_InitStructure）；可完成对外部中断的初始化操作，EXTI_Init 函数的功能介绍如图 4 - 8 所示。

函数名	EXTI_Init
函数原形	void EXTI_Init(EXTI_InitTypeDef* EXTI_InitStruct)
功能描述	根据 EXTI_InitStruct 中指定的参数初始化外设 EXTI 寄存器
输入参数	EXTI_InitStruct：指向结构 EXTI_InitTypeDef 的指针，包含了外设 EXTI 的配置信息 参阅 Section：EXTI_InitTypeDef 查阅更多该参数允许取值范围
输出参数	无
返回值	无
先决条件	无
被调用函数	无

图 4 - 8

5）外部中断优先级设置

在初始化函数内需要对外部中断的优先级进行设置，通过代码 NVIC_InitStructure. NVIC_IRQChannel = EXTI3_IRQn；将 NVIC_InitStructure 结构变量所指向的通道设置为外部中断 3，利用代码 NVIC_InitStructure. NVIC_IRQChannelPreemptionPriority = 2；将外部中断 3 的抢占优先级设置为 2 级，利用代码 NVIC_InitStructure. NVIC_IRQChannelSubPriority = 2；将外部中断 3 的响应优先级设置为 2 级，随后再利用代码 NVIC_InitStructure. NVIC_IRQChannelCmd = ENABLE；使得外部中断 3 的中断优先级设置为使能状态，最后利用 NVIC_Init(&NVIC_InitStructure)；完成外部中断 3 优先级的初始化操作。

完成了外部中断初始化函数配置之后，只要所设置的端口 PC3 所连接到的按钮 BUTTON 按下，则对于 PC3 端口将出现一次高电平变为低电平的下降沿操作，将产生一次外部中断，此时程序会自动跳转到外部中断处理函数 EXTI3_IRQHandler 内去执行代码，其代码如图 4 - 9 所示。

```
void EXTI3_IRQHandler(void)
{
  LED0=!LED0;
  EXTI_ClearITPendingBit(EXTI_Line3);
}
```

图 4 - 9

这个函数 EXTI3_IRQHandler 是系统函数，名称不可更改，每次外部中断 3 满足触发条件后则将自动转入此函数执行其内部的程序代码，此函数每次执行均会使得 LED0 取反一次，展现出来的效果就是 LED0 指示灯切换一次显示状态。

EXTI_ClearITPendingBit(EXTI_Line3) 函数用于清除外部中断 3 的标志位。EXTI_ClearITPendingBit 函数的功能介绍如图 4 - 10 所示。

函数名	EXTI_ClearITPendingBit
函数原形	void EXTI_ClearITPendingBit(u32 EXTI_Line)
功能描述	清除 EXTI 线路挂起位
输入参数	EXTI_Line：待清除 EXTI 线路的挂起位 参阅 Section：EXTI_Line 查阅更多该参数允许取值范围
输出参数	无
返回值	无
先决条件	无
被调用函数	无

图 4 - 10

在工程目录下的"HARDWARE"文件夹的"EXTI"子文件夹下建立有 exti. c 和 exti. h 两个文件。"HARDWARE"文件夹的"LED"子文件夹内的 led. c 和 led. h 两个文件的内容与项目一保持不变。

"exti. h"头文件内的代码如下：

```
#ifndef __EXTI_H
#define __EXIT_H
#include "sys.h"
void EXTIX_Init(void);
#endif
```

"exti. c"源文件内的代码如下：

```
#include "exti.h"
#include "led.h"
```

```
void EXTIX_Init(void)
{

    EXTI_InitTypeDef EXTI_InitStructure;
    NVIC_InitTypeDef NVIC_InitStructure;

    RCC_APB2PeriphClockCmd(RCC_APB2Periph_AFIO,ENABLE);

    GPIO_EXTILineConfig(GPIO_PortSourceGPIOC,GPIO_PinSource3);

    EXTI_InitStructure.EXTI_Line = EXTI_Line3;
    EXTI_InitStructure.EXTI_Mode = EXTI_Mode_Interrupt;
    EXTI_InitStructure.EXTI_Trigger = EXTI_Trigger_Falling;
    EXTI_InitStructure.EXTI_LineCmd = ENABLE;
    EXTI_Init(&EXTI_InitStructure);

    NVIC_InitStructure.NVIC_IRQChannel = EXTI3_IRQn;
    NVIC_InitStructure.NVIC_IRQChannelPreemptionPriority = 0x02;
    NVIC_InitStructure.NVIC_IRQChannelSubPriority = 0x02;
    NVIC_InitStructure.NVIC_IRQChannelCmd = ENABLE;
    NVIC_Init(&NVIC_InitStructure);
}

void EXTI3_IRQHandler(void)
{
    LED0 = ! LED0;
    EXTI_ClearITPendingBit(EXTI_Line3);
}
```

"main. c" 源文件内的代码如下：

```
#include "sys.h"
#include "led.h"
#include "exti.h"

int main(void)
{
    LED_Init();
    LED0 =1;
    EXTIX_Init();
      while(1)
      {

      }
}
```

（3）效果验证

在仿真图形中，鼠标左键双击 STM32 芯片，即弹出图 4 - 11 所示界面，此时鼠标左键单击 "文件夹" 按钮，找到工程文件夹下 OBJ 子文件夹内编译生成的后缀名为 Hex 的文件，鼠标左键单击右上角的 "OK" 按钮，即完成了程序的装载。

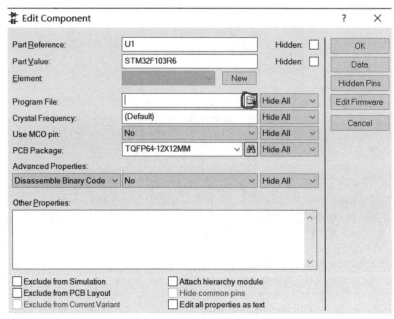

图 4－11

回到仿真界面，鼠标左键单击左下角的"仿真运行"按键，如图 4－12 所示，可见每次按键 KEY0 按下，LED0 指示灯由亮到灭（或由灭到亮）切换一次显示状态，项目验证成功。

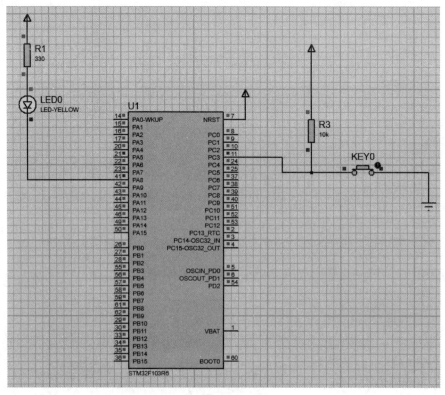

图 4－12

任务二　多个外部中断设计

任务目标

①掌握 PROTEUS 软件的多个外部中断仿真图设计方法。

②掌握多个外部中断同时运行的工作原理。

③掌握多个外部中断同时运行的程序设计方法。

任务描述

设计多个外部中断控制 LED 指示灯显示项目。

项目运行平台：PROTEUS。

软件开发平台：KEIL5.0。

MCU 芯片选用：STM32F103R6。

外部中断端口 KEY0：KEY0 连接到 PC3 端口，端口 PC3 通过电阻被上拉到正电源，为高电平状态，当按键被按下时则端口 PC3 被拉至低电平。

外部中断端口 KEY1：KEY1 连接到 PA8 端口，端口 PA8 通过电阻被上拉到正电源，为高电平状态，当按键被按下时则端口 PA8 被拉至低电平。

外部中断端口 KEY2：KEY2 连接到 PB12 端口，端口 PB12 通过电阻被上拉到正电源，为高电平状态，当按键被按下时则端口 PB12 被拉至低电平。

LED0 指示灯控制端口：STM32 的 PA4 端口连接到 LED0 指示灯的阴极，LED0 指示灯的阳极通过上拉电阻连接到正电源。

LED1 指示灯控制端口：STM32 的 PC12 端口连接到 LED1 指示灯的阴极，LED1 指示灯的阳极通过上拉电阻连接到正电源。

LED2 指示灯控制端口：STM32 的 PC15 端口连接到 LED2 指示灯的阴极，LED2 指示灯的阳极通过上拉电阻连接到正电源。

具体要求：

任务运行后，初始阶段 LED0、LED1、LED2 指示灯均处于熄灭，当按下 KEY0 按键则 LED0 指示灯切换显示状态，当按下 KEY1 按键则 LED1 指示灯切换显示状态，当按下 KEY2 按键则 LED2 指示灯切换显示状态。

任务实施

（1）电路设计

在仿真电路设计界面进入"Pick Devices"对话框，依次添加 STM32F103R6、RESPACK - 8、LED - YELLOW、BUTTON 等元件，随后将这些元件调入仿真绘图区，并调出 POWER、GROUND 端子，按如图 4 - 13 所示完成电路连线实现项目的仿真图设计。

（2）软件编程

本任务是在任务一（单个外部中断）的基础上修改实现的，利用鼠标左键双击左侧项目导航区的 main. c 文件，在软件的中间区域将出现 main. c 源文件的具体内容，如图 4 - 14 所示，在 main. c 源文件内可见主函数 main(void)，主函数 main 是程序的入口函数，代码从这个函数开始往下执行。在 main(void) 函数内包含了 LED_Init( ) 初始化函数以及 EXTIX_

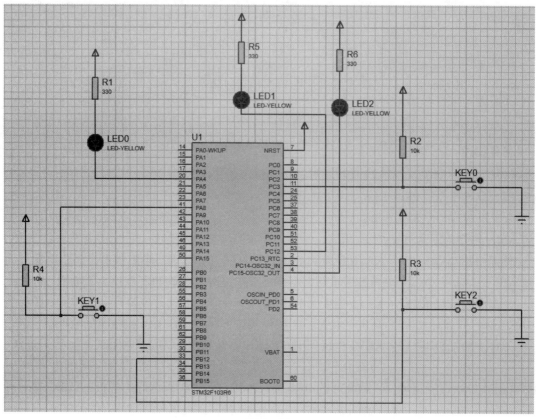

图 4 – 13

Init( )初始化函数。其中 LED_Init( )初始化函数用于配置 STM32F103R6 芯片连接到 LED 指示灯的端口 PA4、PC12、PC15，LED_Init( )初始化函数之后的代码 LED0 = 1；LED1 = 1；LED2 = 1；则用于将指示灯 LED0、LED1、LED2 初始化为熄灭状态。随后出现的 EXTIX_Init( )初始化函数用于配置 STM32F103R6 芯片连接到 BUTTON 按键的端口 PC3、PA8、PB12 为外部中断端口。在 while(1)循环体内部则没有任何程序代码。

```c
#include "sys.h"
#include "led.h"
#include "exti.h"


int main(void)
{

  LED_Init();
  LED0=1;LED1=1;LED2=1;
  EXTIX_Init();
  while(1)
  {

  }
}
```

图 4 – 14

相对于任务一的外部中断项目，本任务 exti. h 文件没有变化，但是 exti. c 文件内的初始化函数 void EXTIX_Init(void)需做修改，同时中断处理函数也要新增 void EXTI9_5_IRQHandler(void)、void EXTI15_10_IRQHandler(void)两个函数。

在初始化函数中可见 void EXTIX_Init(void)，由于本任务新增了两个端口作为外部中断，因而相应地要针对此新增的两个端口配置外部中断初始化代码，如图 4 – 15 所示。

```
GPIO_EXTILineConfig(GPIO_PortSourceGPIOA,GPIO_PinSource8);

EXTI_InitStructure.EXTI_Line=EXTI_Line8;
EXTI_InitStructure.EXTI_Mode = EXTI_Mode_Interrupt;
EXTI_InitStructure.EXTI_Trigger = EXTI_Trigger_Falling;
EXTI_InitStructure.EXTI_LineCmd = ENABLE;
EXTI_Init(&EXTI_InitStructure);

NVIC_InitStructure.NVIC_IRQChannel = EXTI9_5_IRQn;
NVIC_InitStructure.NVIC_IRQChannelPreemptionPriority = 0x02;
NVIC_InitStructure.NVIC_IRQChannelSubPriority = 0x02;
NVIC_InitStructure.NVIC_IRQChannelCmd = ENABLE;
NVIC_Init(&NVIC_InitStructure);

GPIO_EXTILineConfig(GPIO_PortSourceGPIOB,GPIO_PinSource12);

EXTI_InitStructure.EXTI_Line=EXTI_Line12;
EXTI_InitStructure.EXTI_Mode = EXTI_Mode_Interrupt;
EXTI_InitStructure.EXTI_Trigger = EXTI_Trigger_Falling;
EXTI_InitStructure.EXTI_LineCmd = ENABLE;
EXTI_Init(&EXTI_InitStructure);

NVIC_InitStructure.NVIC_IRQChannel = EXTI15_10_IRQn;
NVIC_InitStructure.NVIC_IRQChannelPreemptionPriority = 0x02;
NVIC_InitStructure.NVIC_IRQChannelSubPriority = 0x02;
NVIC_InitStructure.NVIC_IRQChannelCmd = ENABLE;
NVIC_Init(&NVIC_InitStructure);
```

图 4 – 15

在 STM32 外部中断配置过程中，可将端口分为三类，其中端口 0～端口 4 等 5 个端口为第一类外部中断口，端口 5～端口 9 等 5 个端口为第二类外部中断口，端口 10～端口 15 等 6 个端口为第三类外部中断口。第一类外部中断口为独立端口，第二类和第三类外部中断口为联合共用端口。

在对端口 PA8 进行初始化配置时，通过代码 NVIC_InitStructure. NVIC_IRQChannel = EXTI9_5_IRQn；将 NVIC_InitStructure 结构变量所指向的通道设置为共用的外部中断 5～9，在对端口 PB12 进行初始化配置时，通过代码 NVIC_InitStructure. NVIC_IRQChannel ＝ EXTI15_10_IRQn；将 NVIC_InitStructure 结构变量所指向的通道设置为共用的外部中断 10～15。

完成了外部中断初始化函数配置后，新增加的 void EXTI9_5_IRQHandler(void)与 void EXTI15_10_IRQHandler(void)两个外部中断处理函数的内部代码如图 4 – 16 所示。

只要所设置的端口 PC3 所连接到的按钮 KEY0 按下，则对于 PC3 端口将出现一次下降沿操作，将产生一次外部中程序自动转入 EXTI3_IRQHandler(void)函数执行其内部的程序代码，此函数每次执行均会使得 LED0 取反一次，展现出来的效果就是 LED0 指示灯切换一次显示状态。

```
void EXTI3_IRQHandler(void)
{
  LED0=!LED0;
  EXTI_ClearITPendingBit(EXTI_Line3);
}

void EXTI9_5_IRQHandler(void)
{
  LED1=!LED1;
  EXTI_ClearITPendingBit(EXTI_Line8);
}

void EXTI15_10_IRQHandler(void)
{
  LED2=!LED2;
  EXTI_ClearITPendingBit(EXTI_Line12);
}
```

图 4 - 16

只要所设置的端口 PA8 所连接到的按钮 KEY1 按下，则对于 PA8 端口将出现一次下降沿操作，将产生一次外部中程序自动转入 EXTI9_5_IRQHandler(void) 函数执行其内部的程序代码，此函数每次执行均会使得 LED1 取反一次，展现出来的效果就是 LED1 指示灯切换一次显示状态。

只要所设置的端口 PB12 所连接到的按钮 KEY2 按下，则对于 PB12 端口将出现一次下降沿操作，将产生一次外部中程序自动转入 EXTI15_10_IRQHandler(void) 函数执行其内部的程序代码，此函数每次执行均会使得 LED2 取反一次，展现出来的效果就是 LED2 指示灯切换一次显示状态。

在工程目录下的 "HARDWARE" 文件夹的 "EXTI" 子文件夹下建立有 exti. c 和 exti. h 两个文件。"HARDWARE" 文件夹的 "LED" 子文件夹内有 led. c 和 led. h 两个文件。

"exti. h" 头文件内的代码如下：

```
#ifndef __EXTI_H
#define __EXIT_H
#include "sys.h"
void EXTIX_Init(void);
#endif
```

"exti. c" 源文件内的代码如下：

```
#include "exti.h"
#include "led.h"
void EXTIX_Init(void)
{
    EXTI_InitTypeDef EXTI_InitStructure;
    NVIC_InitTypeDef NVIC_InitStructure;
    RCC_APB2PeriphClockCmd(RCC_APB2Periph_AFIO,ENABLE);

    GPIO_EXTILineConfig(GPIO_PortSourceGPIOC,GPIO_PinSource3);
    EXTI_InitStructure.EXTI_Line = EXTI_Line3;
    EXTI_InitStructure.EXTI_Mode = EXTI_Mode_Interrupt;
    EXTI_InitStructure.EXTI_Trigger = EXTI_Trigger_Falling;
    EXTI_InitStructure.EXTI_LineCmd = ENABLE;
    EXTI_Init(&EXTI_InitStructure);

    NVIC_InitStructure.NVIC_IRQChannel = EXTI3_IRQn;
```

```
        NVIC_InitStructure.NVIC_IRQChannelPreemptionPriority = 0x02;
        NVIC_InitStructure.NVIC_IRQChannelSubPriority = 0x02;
        NVIC_InitStructure.NVIC_IRQChannelCmd = ENABLE;
        NVIC_Init(&NVIC_InitStructure);

        GPIO_EXTILineConfig(GPIO_PortSourceGPIOA,GPIO_PinSource8);
        EXTI_InitStructure.EXTI_Line = EXTI_Line8;
        EXTI_InitStructure.EXTI_Mode = EXTI_Mode_Interrupt;
        EXTI_InitStructure.EXTI_Trigger = EXTI_Trigger_Falling;
        EXTI_InitStructure.EXTI_LineCmd = ENABLE;
        EXTI_Init(&EXTI_InitStructure);

        NVIC_InitStructure.NVIC_IRQChannel = EXTI9_5_IRQn;
        NVIC_InitStructure.NVIC_IRQChannelPreemptionPriority = 0x02;
        NVIC_InitStructure.NVIC_IRQChannelSubPriority = 0x02;
        NVIC_InitStructure.NVIC_IRQChannelCmd = ENABLE;
        NVIC_Init(&NVIC_InitStructure);

        GPIO_EXTILineConfig(GPIO_PortSourceGPIOB,GPIO_PinSource12);
        EXTI_InitStructure.EXTI_Line = EXTI_Line12;
        EXTI_InitStructure.EXTI_Mode = EXTI_Mode_Interrupt;
        EXTI_InitStructure.EXTI_Trigger = EXTI_Trigger_Falling;
        EXTI_InitStructure.EXTI_LineCmd = ENABLE;
        EXTI_Init(&EXTI_InitStructure);

        NVIC_InitStructure.NVIC_IRQChannel = EXTI15_10_IRQn;
        NVIC_InitStructure.NVIC_IRQChannelPreemptionPriority = 0x02;
        NVIC_InitStructure.NVIC_IRQChannelSubPriority = 0x02;
        NVIC_InitStructure.NVIC_IRQChannelCmd = ENABLE;
        NVIC_Init(&NVIC_InitStructure);
}

void EXTI3_IRQHandler(void)
{
        LED0 = ! LED0;
        EXTI_ClearITPendingBit(EXTI_Line3);
}
void EXTI9_5_IRQHandler(void)
{
        LED1 = ! LED1;
        EXTI_ClearITPendingBit(EXTI_Line8);
}
void EXTI15_10_IRQHandler(void)
{
        LED2 = ! LED2;
        EXTI_ClearITPendingBit(EXTI_Line12);
}
```

"led. h"头文件内的代码如下：

```
#ifndef __LED_H
#define __LED_H
```

```
#include "sys.h"

#define LED0 PAout(4)
#define LED1 PCout(12)
#define LED2 PCout(15)

void LED_Init(void);
#endif
```

"led. c" 头文件内的代码如下：

```
#include "led.h"

void LED_Init(void)
{
 GPIO_InitTypeDef  GPIO_InitStructure;
 RCC_APB2PeriphClockCmd(RCC_APB2Periph_GPIOA|RCC_APB2Periph_GPIOC, ENABLE);

 GPIO_InitStructure.GPIO_Pin = GPIO_Pin_4;
 GPIO_InitStructure.GPIO_Mode = GPIO_Mode_Out_PP;
 GPIO_InitStructure.GPIO_Speed = GPIO_Speed_2MHz;
 GPIO_Init(GPIOA, &GPIO_InitStructure);
 GPIO_SetBits(GPIOA,GPIO_Pin_4);

 GPIO_InitStructure.GPIO_Pin = GPIO_Pin_12;
 GPIO_InitStructure.GPIO_Mode = GPIO_Mode_Out_PP;
 GPIO_InitStructure.GPIO_Speed = GPIO_Speed_2MHz;
 GPIO_Init(GPIOC, &GPIO_InitStructure);
 GPIO_SetBits(GPIOC,GPIO_Pin_12);

 GPIO_InitStructure.GPIO_Pin = GPIO_Pin_15;
 GPIO_InitStructure.GPIO_Mode = GPIO_Mode_Out_PP;
 GPIO_InitStructure.GPIO_Speed = GPIO_Speed_2MHz;
 GPIO_Init(GPIOC, &GPIO_InitStructure);
 GPIO_SetBits(GPIOC,GPIO_Pin_15);
}
```

"main. c" 源文件内的代码如下：

```
#include "sys.h"
#include "led.h"
#include "exti.h"
 int main(void)
 {
     LED_Init();
     LED0 =1;LED1 =1;LED2 =1;
     EXTIX_Init();
      while(1)
       {
       }
 }
```

（3）效果验证

在仿真图形中，鼠标左键双击 STM32 芯片，即弹出图 4 – 17 所示界面，此时鼠标左键单击"文件夹"按钮，找到工程文件夹下 OBJ 子文件夹内编译生成的后缀名为 Hex 的文件，鼠标左键单击右上角的"OK"按钮，即完成了程序的装载。

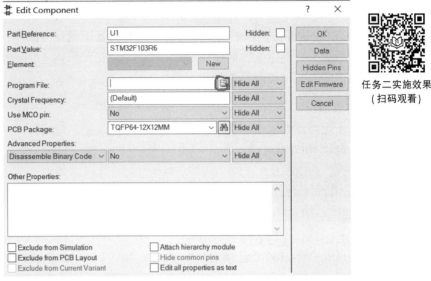

任务二实施效果
（扫码观看）

图 4 – 17

回到仿真界面，鼠标左键单击左下角的"仿真运行"按键，如图 4 – 18 所示，可见每次按 KEY0/KEY1/KEY2 按键则对应的 LED0/LED1/LED2 指示灯会切换显示状态，项目验证成功。

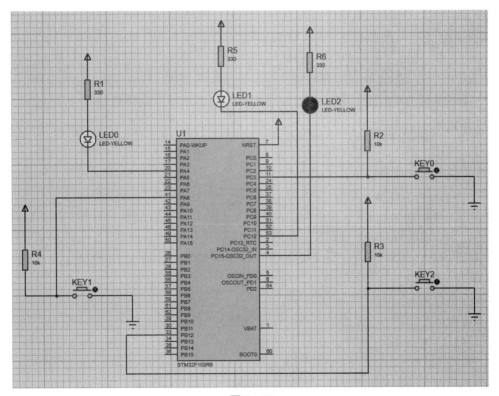

图 4 – 18

任务三　外部中断双向可控跑马灯设计

任务目标

①掌握 PROTEUS 软件的外部中断双向可控跑马灯仿真图设计方法。

②掌握联合类多个外部中断口的设计原理。

③掌握外部中断双向可控跑马灯的程序设计方法。

任务描述

设计一个基于定时器的流水灯显示项目。

项目运行平台：PROTEUS。

软件开发平台：KEIL5.0。

MCU 芯片选用：STM32F103R6。

LED 指示灯控制端口：STM32 的 PC0 ~ PC7 端口分别连接到流水灯 LED0 ~ LED7 的阴极，跑马灯 LED0 ~ LED7 的阳极通过上拉电阻连接到正电源。

外部中断端口 KEY0：KEY0 连接到 PB14 端口，端口 PB14 通过电阻被上拉到正电源，呈高电平状态，当按键 button 被按下时则端口 PB14 被拉至低电平。

外部中断端口 KEY1：KEY0 连接到 PB15 端口，端口 PB15 通过电阻被上拉到正电源，呈高电平状态，当按键 button 被按下时则端口 PB15 被拉至低电平。

具体要求：

任务运行后，初始时刻只有 LED0 指示灯点亮，其余指示灯均处于熄灭状态，当按下按键 KEY1 时，则点亮的指示灯变为 LED1，其余均熄灭，每按一次按键 KEY1，点亮的指示灯均会向右移一位，当 LED7 点亮后再按下按键 KEY1 则点亮的指示灯会移到 LED0。按键 KEY0 的功能与按键 KEY1 的功能正好相反，每次按下按键 KEY0，则点亮的指示灯均会向左移一位，当 LED0 点亮后再按下按键 KEY0 则点亮的指示灯会移到 LED7。

任务实施

（1）电路设计

在仿真电路设计界面依次添加 STM32F103R6、RESPACK - 8、LED - YELLOW、RES、BUTTON 等元件，随后将这些元件调入仿真绘图区，并调出 POWER、GROUND 端子，RESPACK - 8 是排阻，它有 9 个端子，其中端子 1 是公共端接电源，端子 2 ~ 9 是引出的排阻端子，分别连接到 LED0 ~ LED7，起到限流的作用，LED0 ~ LED7 连接到 STM32 芯片的 PC0 ~ PC7 端口，按键 KEY0 与按键 KEY1 的引出端子分别连接到 STM32 芯片的 PB14、PB14 端口，按图 4 - 19 所示完成电路连线实现项目的仿真图设计。

（2）软件编程

本任务是在任务二（多个外部中断设计）的基础上修改实现的，利用鼠标左键双击左侧项目导航区的 main.c 文件，在软件的中间区域将出现 main.c 源文件的具体内容，如图 4 - 20 所示，在 main.c 源文件内可见主函数 main(void)，主函数 main 是程序的入口函数，代码从这个函数开始往下执行。在 main(void) 函数内包含了 LED_Init() 初始化函数以及 EXTIX_Init() 初始化函数。其中 LED_Init() 初始化函数用于配置 STM32F103R6 芯片连接

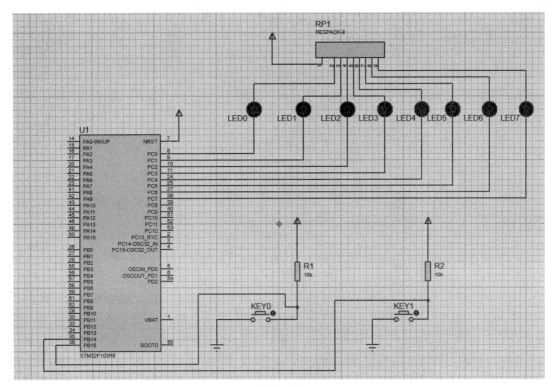

图 4 - 19

到 LED 指示灯的端口 PC0 ~ PC7，LED_Init( )初始化函数之后的代码 LED0 = 0；LED1 = 1；
LED2 = 1；LED3 = 1；LED4 = 1；LED5 = 1；LED6 = 1；LED7 = 1；则用于将指示灯 LED0 初
始化为点亮，LED2 ~ LED7 初始化为熄灭状态。随后出现的 EXTIX_Init( )初始化函数用于
将 STM32F103R6 芯片的 PB14、PB15 端口配置为外部中断端口。在 while(1)循环体内部则
没有任何程序代码。

```c
#include "sys.h"
#include "led.h"
#include "exti.h"


int main(void)
{

  LED_Init();
  LED0=0;   LED1=1;LED2=1;LED3=1;LED4=1;LED5=1;LED6=1;LED7=1;
  EXTIX_Init();
   while(1)
   {

   }
}
```

图 4 - 20

在左侧项目导航区鼠标左键点开 HARDWARE 文件夹下的 led. c 文件左侧的 + 号，将会
展开多个文件，随后鼠标左键双击 led. h 文件，在中间区域将出现 led. h 头文件的具体内

容，如图 4 – 21 所示，在 led. h 头文件中利用代码#define LED0 PCout(0) 将 LED0 这个符号与 STM32F103R6 芯片的 PC0 引脚关联起来。同理，利用类似代码将 LED0 ~ LED7 与 PC0 ~ PC7 端口进行关联。

```
#ifndef  __LED_H
#define  __LED_H
#include "sys.h"

#define LED0 PCout(0)
#define LED1 PCout(1)
#define LED2 PCout(2)
#define LED3 PCout(3)
#define LED4 PCout(4)
#define LED5 PCout(5)
#define LED6 PCout(6)
#define LED7 PCout(7)

void LED_Init(void);//初始化

#endif
```

图 4 – 21

继续在左侧项目导航区鼠标左键双击点开 led. c 文件，在中间区域将出现 led. c 源文件的具体内容，如图 4 – 22 所示，void LED_Init(void) 函数内部的代码对 PC0 ~ PC7 引脚的模式进行了配置，可通过代码 GPIO_InitStructure. GPIO_Pin = GPIO_Pin_All；将 GPIO_InitStructure 结构变量的引脚属性值设置为 GPIO_Pin_All，这样设置之后则可对端口 PC 的所有引脚同时进行配置，从而使得代码更加简洁高效。

```
#include "led.h"

void LED_Init(void)
{
 GPIO_InitTypeDef   GPIO_InitStructure;

 RCC_APB2PeriphClockCmd(RCC_APB2Periph_GPIOC,ENABLE);

 GPIO_InitStructure.GPIO_Pin = GPIO_Pin_All;
 GPIO_InitStructure.GPIO_Mode = GPIO_Mode_Out_PP;
 GPIO_InitStructure.GPIO_Speed = GPIO_Speed_50MHz;
 GPIO_Init(GPIOC, &GPIO_InitStructure);
}
```

图 4 – 22

在左侧项目导航区鼠标左键点开 HARDWARE 文件夹下 exti. c 文件，在中间区域将出现 exti. c 源文件的具体内容，在 exti. c 源文件内包含了两个函数：void EXTIX_Init(void) 与 void EXTI15_10_IRQHandler(void)，其中 EXTIX_Init(void) 函数是外部中断的初始化配置函数，而 EXTI15_10_IRQHandler(void) 函数则是外部中断的中断处理函数。EXTIX_Init(void) 函数的代码如图 4 – 23 所示。

由图 4 – 23 可见，由于外部中断端口 PB14 与 PB15 同属于第三类外部中断口，而第三类外部中断口是联合共用的，因而只需要通过 NVIC_Init(&NVIC_InitStructure) 这个中断优先级初始化函数调用一次即可。

完成了外部中断初始化函数配置之后，EXTI15_10_IRQHandler(void) 这个外部中断处理函数的内部代码如图 4 – 24 所示。

```
void EXTIX_Init(void)
{

    EXTI_InitTypeDef EXTI_InitStructure;
    NVIC_InitTypeDef NVIC_InitStructure;

    RCC_APB2PeriphClockCmd(RCC_APB2Periph_AFIO,ENABLE);

    GPIO_EXTILineConfig(GPIO_PortSourceGPIOB,GPIO_PinSource14);

    EXTI_InitStructure.EXTI_Line=EXTI_Line14;
    EXTI_InitStructure.EXTI_Mode = EXTI_Mode_Interrupt;
    EXTI_InitStructure.EXTI_Trigger = EXTI_Trigger_Falling;
    EXTI_InitStructure.EXTI_LineCmd = ENABLE;
    EXTI_Init(&EXTI_InitStructure);


    GPIO_EXTILineConfig(GPIO_PortSourceGPIOB,GPIO_PinSource15);

    EXTI_InitStructure.EXTI_Line=EXTI_Line15;
    EXTI_InitStructure.EXTI_Mode = EXTI_Mode_Interrupt;
    EXTI_InitStructure.EXTI_Trigger = EXTI_Trigger_Falling;
    EXTI_InitStructure.EXTI_LineCmd = ENABLE;
    EXTI_Init(&EXTI_InitStructure);

    NVIC_InitStructure.NVIC_IRQChannel = EXTI15_10_IRQn;
    NVIC_InitStructure.NVIC_IRQChannelPreemptionPriority = 0x02;
    NVIC_InitStructure.NVIC_IRQChannelSubPriority = 0x02;
    NVIC_InitStructure.NVIC_IRQChannelCmd = ENABLE;
    NVIC_Init(&NVIC_InitStructure);

}
```

图 4 – 23

```
void EXTI15_10_IRQHandler(void)
{
  u32 Temp = 0x00000000;

  Temp = EXTI->PR;
 switch(Temp)
 {
    case(Exti_From_Pin14):     m=m+1;if(8==m) m=0;  break;
    case(Exti_From_Pin15):     if(m>0) m=m-1; else m=7;  break;
    default:break;
 }
 switch(m)
   {
     case(0):LED0=0; LED1=1;LED2=1;LED3=1;LED4=1;LED5=1;LED6=1;LED7=1; break;
     case(1):LED0=1; LED1=0;LED2=1;LED3=1;LED4=1;LED5=1;LED6=1;LED7=1; break;
     case(2):LED0=1; LED1=1;LED2=0;LED3=1;LED4=1;LED5=1;LED6=1;LED7=1; break;
     case(3):LED0=1; LED1=1;LED2=1;LED3=0;LED4=1;LED5=1;LED6=1;LED7=1; break;
     case(4):LED0=1; LED1=1;LED2=1;LED3=1;LED4=0;LED5=1;LED6=1;LED7=1; break;
     case(5):LED0=1; LED1=1;LED2=1;LED3=1;LED4=1;LED5=0;LED6=1;LED7=1; break;
     case(6):LED0=1; LED1=1;LED2=1;LED3=1;LED4=1;LED5=1;LED6=0;LED7=1; break;
     case(7):LED0=1; LED1=1;LED2=1;LED3=1;LED4=1;LED5=1;LED6=1;LED7=0; break;
   }
 EXTI_ClearITPendingBit(EXTI_Line14);
 EXTI_ClearITPendingBit(EXTI_Line15);
}
```

图 4 – 24

本任务中应用的外部中断端口 PB14、PB15 属于第三类外部中断口，对于第三类外部中断口 10~15，它们共用一个外部中断处理函数 EXTI15_10_IRQHandler(void)，为区分出是 PB14 还是 PB15 引起的中断，需要在 EXTI15_10_IRQHandler(void)内部进行甄别，通过代码 u32 Temp = 0x00000000；定义一个 32 位的变量 Temp，随后利用代码 Temp = EXTI -> PR；将外部中断的 PR 寄存器的值读出赋给变量 Temp，接下来通过 switch…case…语句来判断是 PB14 还是 PB15 引起外部中断，如图 4 – 25 所示。

```
switch(Temp)
{

    case(Exti_From_Pin14):        m=m+1;if(8==m) m=0;  break;
    case(Exti_From_Pin15):        if(m>0) m=m-1; else m=7;  break;
    default:break;
}
```

图 4 - 25

Exti_From_Pin14 与 Exti_From_Pin15 在 exti. c 源文件的顶部做了定义，如图 4 - 26 所示。

```
#define Exti_From_Pin0      0x00000001
#define Exti_From_Pin1      0x00000002
#define Exti_From_Pin2      0x00000004
#define Exti_From_Pin3      0x00000008
#define Exti_From_Pin4      0x00000010
#define Exti_From_Pin5      0x00000020
#define Exti_From_Pin6      0x00000040
#define Exti_From_Pin7      0x00000080
#define Exti_From_Pin8      0x00000100
#define Exti_From_Pin9      0x00000200
#define Exti_From_Pin10     0x00000400
#define Exti_From_Pin11     0x00000800
#define Exti_From_Pin12     0x00001000
#define Exti_From_Pin13     0x00002000
#define Exti_From_Pin14     0x00004000
#define Exti_From_Pin15     0x00008000
```

图 4 - 26

如图 4 - 26 所示，对 Exti_From_Pin0 ~ Exti_From_Pin15 分别进行常量定义，执行 Temp = EXTI -> PR；代码后，如果是 PB14 端口引起的中断，则 Temp 内的值将被赋为 0x00004000；如果是 PB15 端口引起的中断，则 Temp 内的值将被赋为 0x00008000。通过 switch…case…语句即可选择相对应的分支程序进行执行。

在 case(Exti_From_Pin14) 分支下的代码是 m = m + 1；if(8 == m) m = 0；break；代码，变量 m 为定义的 u8 类型的全局变量，每次按下 PB14，都令变量 m 执行加 1 的操作，当变量加到 8 时则又令其为 0。

对于 case(Exti_From_Pin15)：if(m > 0) m = m - 1；else m = 7；break；代码，每次按下 PB15，都令变量 m 执行减 1 的操作，当变量减到 0 后则又令其为 7。

利用 switch…case…语句对变量 m 进行选择分支判断，如图 4 - 27 所示，当 m 为 0 时则令 LED0 点亮，其余指示灯熄灭…，当 m 为 7 时则令 LED7 点亮，其余指示灯熄灭，从而实现跑马灯的效果。

```
switch(m)
   {
     case(0):LED0=0; LED1=1;LED2=1;LED3=1;LED4=1;LED5=1;LED6=1;LED7=1; break;
     case(1):LED0=1; LED1=0;LED2=1;LED3=1;LED4=1;LED5=1;LED6=1;LED7=1; break;
     case(2):LED0=1; LED1=1;LED2=0;LED3=1;LED4=1;LED5=1;LED6=1;LED7=1; break;
     case(3):LED0=1; LED1=1;LED2=1;LED3=0;LED4=1;LED5=1;LED6=1;LED7=1; break;
     case(4):LED0=1; LED1=1;LED2=1;LED3=1;LED4=0;LED5=1;LED6=1;LED7=1; break;
     case(5):LED0=1; LED1=1;LED2=1;LED3=1;LED4=1;LED5=0;LED6=1;LED7=1; break;
     case(6):LED0=1; LED1=1;LED2=1;LED3=1;LED4=1;LED5=1;LED6=0;LED7=1; break;
     case(7):LED0=1; LED1=1;LED2=1;LED3=1;LED4=1;LED5=1;LED6=1;LED7=0; break;
   }
```

图 4 - 27

在工程目录下的"HARDWARE"文件夹的"EXTI"子文件夹下建立有 exti. c 和 exti. h 两个文件。"HARDWARE"文件夹的"LED"子文件夹内有 led. c 和 led. h 两个文件。

"led. h" 头文件内的代码如下：

```
#ifndef __LED_H
#define __LED_H
#include "sys.h"
#define LED0 PCout(0)
#define LED1 PCout(1)
#define LED2 PCout(2)
#define LED3 PCout(3)
#define LED4 PCout(4)
#define LED5 PCout(5)
#define LED6 PCout(6)
#define LED7 PCout(7)
void LED_Init(void);
#endif
```

"led. c" 头文件内的代码如下：

```
#include "led.h"
void LED_Init(void)
{
  GPIO_InitTypeDef  GPIO_InitStructure;

  RCC_APB2PeriphClockCmd(RCC_APB2Periph_GPIOC,ENABLE);

  GPIO_InitStructure.GPIO_Pin = GPIO_Pin_All;
  GPIO_InitStructure.GPIO_Mode = GPIO_Mode_Out_PP;
  GPIO_InitStructure.GPIO_Speed = GPIO_Speed_50MHz;
  GPIO_Init(GPIOC, &GPIO_InitStructure);
}
```

"exti. h" 头文件内的代码如下：

```
#ifndef __EXTI_H
#define __EXIT_H
#include "sys.h"
void EXTIX_Init(void);
#endif
```

"exti. c" 源文件内的代码如下：

```
#include "exti.h"
#include "led.h"

#define Exti_From_Pin0  0x00000001
#define Exti_From_Pin1  0x00000002
#define Exti_From_Pin2  0x00000004
#define Exti_From_Pin3  0x00000008
#define Exti_From_Pin4  0x00000010
#define Exti_From_Pin5  0x00000020
#define Exti_From_Pin6  0x00000040
#define Exti_From_Pin7  0x00000080
#define Exti_From_Pin8  0x00000100
#define Exti_From_Pin9  0x00000200
#define Exti_From_Pin10  0x00000400
#define Exti_From_Pin11  0x00000800
```

```
        #define Exti_From_Pin12  0x00001000
        #define Exti_From_Pin13  0x00002000
        #define Exti_From_Pin14  0x00004000
        #define Exti_From_Pin15  0x00008000

        u8 m = 0;

void EXTIX_Init(void)
{
        EXTI_InitTypeDef EXTI_InitStructure;
        NVIC_InitTypeDef NVIC_InitStructure;

    RCC_APB2PeriphClockCmd(RCC_APB2Periph_AFIO,ENABLE);

    GPIO_EXTILineConfig(GPIO_PortSourceGPIOB,GPIO_PinSource14);
    EXTI_InitStructure.EXTI_Line = EXTI_Line14;
    EXTI_InitStructure.EXTI_Mode = EXTI_Mode_Interrupt;
    EXTI_InitStructure.EXTI_Trigger = EXTI_Trigger_Falling;
    EXTI_InitStructure.EXTI_LineCmd = ENABLE;
    EXTI_Init(&EXTI_InitStructure);

    GPIO_EXTILineConfig(GPIO_PortSourceGPIOB,GPIO_PinSource15);
    EXTI_InitStructure.EXTI_Line = EXTI_Line15;
    EXTI_InitStructure.EXTI_Mode = EXTI_Mode_Interrupt;
    EXTI_InitStructure.EXTI_Trigger = EXTI_Trigger_Falling;
    EXTI_InitStructure.EXTI_LineCmd = ENABLE;
    EXTI_Init(&EXTI_InitStructure);

    NVIC_InitStructure.NVIC_IRQChannel = EXTI15_10_IRQn;
    NVIC_InitStructure.NVIC_IRQChannelPreemptionPriority = 0x02;
    NVIC_InitStructure.NVIC_IRQChannelSubPriority = 0x02;
    NVIC_InitStructure.NVIC_IRQChannelCmd = ENABLE;

    NVIC_Init(&NVIC_InitStructure);
}

void EXTI15_10_IRQHandler(void)
{
  u32 Temp = 0x00000000;
  Temp = EXTI -> PR;
 switch(Temp)
  {
        case(Exti_From_Pin14):    m = m + 1;if(8 == m) m = 0;  break;
        case(Exti_From_Pin15):    if(m > 0) m = m - 1; else m = 7;  break;
        default:break;
  }
switch(m)
{
case(0):LED0 = 0;LED1 = 1;LED2 = 1;LED3 = 1;LED4 = 1;LED5 = 1;LED6 = 1;LED7 = 1;break;
case(1):LED0 = 1;LED1 = 0;LED2 = 1;LED3 = 1;LED4 = 1;LED5 = 1;LED6 = 1;LED7 = 1;break;
case(2):LED0 = 1;LED1 = 1;LED2 = 0;LED3 = 1;LED4 = 1;LED5 = 1;LED6 = 1;LED7 = 1;break;
```

```
case(3):LED0 =1;LED1 =1;LED2 =1;LED3 =0;LED4 =1;LED5 =1;LED6 =1;LED7 =1;break;
case(4):LED0 =1;LED1 =1;LED2 =1;LED3 =1;LED4 =0;LED5 =1;LED6 =1;LED7 =1;break;
case(5):LED0 =1;LED1 =1;LED2 =1;LED3 =1;LED4 =1;LED5 =0;LED6 =1;LED7 =1;break;
case(6):LED0 =1;LED1 =1;LED2 =1;LED3 =1;LED4 =1;LED5 =1;LED6 =0;LED7 =1;break;
case(7):LED0 =1;LED1 =1;LED2 =1;LED3 =1;LED4 =1;LED5 =1;LED6 =1;LED7 =0;break;
}
      EXTI_ClearITPendingBit(EXTI_Line14);
      EXTI_ClearITPendingBit(EXTI_Line15);
}
```

"main. c" 源文件内的代码如下:

```
#include "sys.h"
#include "led.h"
#include "exti.h"
 int main(void)
{
     LED_Init();
     LED0 =0;  LED1 =1;LED2 =1;LED3 =1;LED4 =1;LED5 =1;LED6 =1;LED7 =1;
     EXTIX_Init();
        while(1)
        {
        }
}
```

任务三实施效果
（扫码观看）

（3）效果验证

在仿真图形中，鼠标左键双击 STM32 芯片，即弹出图 4 – 28 所示界面，此时鼠标左键单击"文件夹"按钮，找到工程文件夹下 OBJ 子文件夹内编译生成的后缀名为 Hex 的文件，鼠标左键单击右上角的"OK"按钮，即完成了程序的装载。

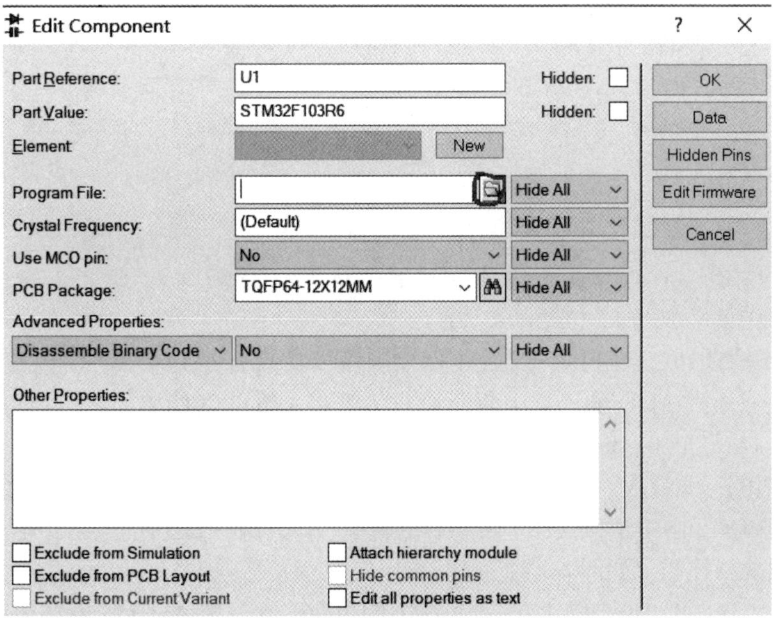

图 4 – 28

回到仿真界面，鼠标左键单击左下角的"仿真运行"按键，初始时刻只有 LED0 指示灯点亮，其余指示灯均处于熄灭状态，当按下按键 KEY1，则点亮的指示灯变为 LED1，其余均熄灭，每按一次按键 KEY1，点亮的指示灯均会向右移一位，如图 4 - 29 所示，当 LED7 点亮后再按下按键 KEY1，则点亮的指示灯会移到 LED0。按键 KEY0 的功能与按键 KEY1 的功能正好相反，每次按下按键 KEY0，则点亮的指示灯均会向左移一位，当 LED0 点亮后再按下按键 KEY0，则点亮的指示灯会移到 LED7。

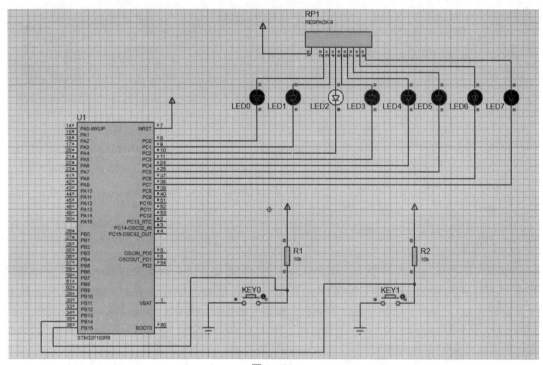

图 4 - 29

项目延伸知识点

1.1 外部中断初始化知识要点

STM32 的每个 I/O 端口都可以作为外部中断的中断输入口，STM32 的外部中断线和 I/O 端口的对应关系如图 4 - 30 所示。

EXTI0 ~ EXTI15 用于 GPIO，通过编程控制可以实现任意一个 GPIO 作为 EXTI 的输入源，EXTI0 可以通过 AFIO 的外部中断配置寄存器 1（AFIO_EXTICR1）的 EXTI0[3:0] 位选择配置为 PA0、PB0、PC0、PD0、PE0、PF0、PG0 中的某一个，如图 4 - 31 所示，EXTI1[3:0]、EXTI2[3:0]、EXTI3[3:0] 也可分别配置 EXTI1、EXTI2、EXTI3 的中断输入源。

同理，EXTI4、EXTI5、EXTI6、EXTI7 的中断输入源由 AFIO 的外部中断配置寄存器 2（AFIO_EXTICR2）控制，如图 4 - 32 所示。

同理，EXTI8、EXTI9、EXTI10、EXTI11 的中断输入源由 AFIO 的外部中断配置寄存器 3（AFIO_EXTICR3）控制，如图 4 - 33 所示。

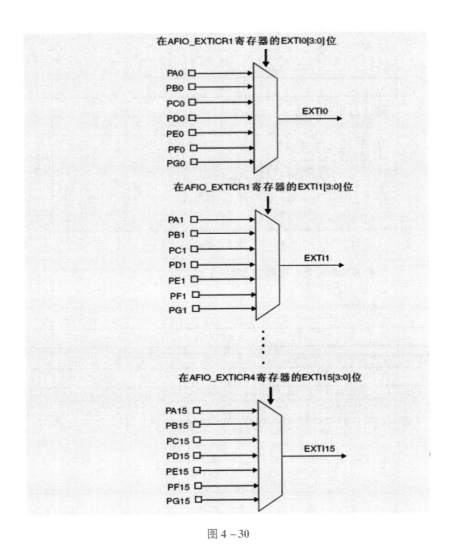

图 4 – 30

外部中断配置寄存器 1(AFIO_EXTICR1)

地址偏移：0x08
复位值：0x0000

31	30	29	28	27	26	25	24	23	22	21	20	19	18	17	16
保留															

15	14	13	12	11	10	9	8	7	6	5	4	3	2	1	0
EXTI3[3:0]				EXTI2[3:0]				EXTI1[3:0]				EXTI0[3:0]			
rw	rw	rw	rw	rw	rw	rw	rw	rw	rw	rw	rw	rw	rw	rw	rw

位15:0	**EXTIx[3:0]**：EXTIx配置(x = 0 … 3) (EXTI x configuration)
	这些位可由软件读写，用于选择EXTIx外部中断的输入源。参看9.2.5节。
	0000：PA[x]引脚 0100：PE[x]引脚
	0001：PB[x]引脚 0101：PF[x]引脚
	0010：PC[x]引脚 0110：PG[x]引脚
	0011：PD[x]引脚

图 4 – 31

外部中断配置寄存器 2(AFIO_EXTICR2)

地址偏移：0x0C
复位值：0x0000

31	30	29	28	27	26	25	24	23	22	21	20	19	18	17	16
							保留								

15	14	13	12	11	10	9	8	7	6	5	4	3	2	1	0
EXTI7[3:0]				EXTI6[3:0]				EXTI5[3:0]				EXTI4[3:0]			
rw	rw	rw	rw	rw	rw	rw	rw	rw	rw	rw	rw	rw	rw	rw	rw

位31:16	保留。
位15:0	**EXTIx[3:0]**：EXTIx配置 (x = 4 … 7) (EXTI x configuration) 这些位可由软件读写，用于选择EXTIx外部中断的输入源。 0000：PA[x]引脚　　0100：PE[x]引脚 0001：PB[x]引脚　　0101：PF[x]引脚 0010：PC[x]引脚　　0110：PG[x]引脚 0011：PD[x]引脚

图 4 - 32

外部中断配置寄存器 3(AFIO_EXTICR3)

地址偏移：0x10
复位值：0x0000

31	30	29	28	27	26	25	24	23	22	21	20	19	18	17	16
							保留								

15	14	13	12	11	10	9	8	7	6	5	4	3	2	1	0
EXTI11[3:0]				EXTI10[3:0]				EXTI9[3:0]				EXTI8[3:0]			
rw	rw	rw	rw	rw	rw	rw	rw	rw	rw	rw	rw	rw	rw	rw	rw

位31:16	保留。
位15:0	**EXTIx[3:0]**：EXTIx配置 (x = 8 … 11) (EXTI x configuration) 这些位可由软件读写，用于选择EXTIx外部中断的输入源。 0000：PA[x]引脚　　0100：PE[x]引脚 0001：PB[x]引脚　　0101：PF[x]引脚 0010：PC[x]引脚　　0110：PG[x]引脚 0011：PD[x]引脚

图 4 - 33

同理，EXTI12、EXTI13、EXTI14、EXTI15 的中断输入源由 AFIO 的外部中断配置寄存器 4(AFIO_EXTICR4)控制，如图 4 - 34 所示。

外部中断配置寄存器 4(AFIO_EXTICR4)

地址偏移：0x14
复位值：0x0000

31	30	29	28	27	26	25	24	23	22	21	20	19	18	17	16
							保留								

15	14	13	12	11	10	9	8	7	6	5	4	3	2	1	0
EXTI15[3:0]				EXTI14[3:0]				EXTI13[3:0]				EXTI12[3:0]			
rw	rw	rw	rw	rw	rw	rw	rw	rw	rw	rw	rw	rw	rw	rw	rw

位31:16	保留。
位15:0	**EXTIx[3:0]**：EXTIx配置 (x = 12 … 15) (EXTI x configuration) 这些位可由软件读写，用于选择EXTIx外部中断的输入源。 0000：PA[x]引脚　　0100：PE[x]引脚 0001：PB[x]引脚　　0101：PF[x]引脚 0010：PC[x]引脚　　0110：PG[x]引脚 0011：PD[x]引脚

图 4 - 34

上述 4 个寄存器的设置是通过函数 GPIO_ EXTILineConfig( ) 来实现的, 项目四 (外部中断项目) 中应用 GPIO_EXTILineConfig(GPIO_PortSourceGPIOC, GPIO_PinSource3) 函数将中断线 3 与 GPIOC 映射起来。GPIO_EXTILineConfig( ) 函数的介绍如图 4 – 35 所示。

函数名	GPIO_EXTILineConfig
函数原形	void GPIO_EXTILineConfig(u8 GPIO_PortSource, u8 GPIO_PinSource)
功能描述	选择 GPIO 管脚用作外部中断线路
输入参数 1	GPIO_PortSource: 选择用作外部中断线源的 GPIO 端口 参阅 Section: GPIO_PortSource 查阅更多该参数允许取值范围
输入参数 2	GPIO_PinSource: 待设置的外部中断线路 该参数可以取 GPIO_PinSourcex(x 可以是 0-15)
输出参数	无
返回值	无
先决条件	无
被调用函数	无

图 4 – 35

中断线上中断的初始化是通过函数 EXTI_Init( ) 实现的, EXTI_Init( ) 函数的定义是:
void EXTI_Init(EXTI_InitTypeDef* EXTI_InitStruct), 函数 EXTI_Init( ) 调用时的参数为 EXTI_InitTypeDef 类型结构变量, 这个结构变量的定义如图 4 – 36 所示。

```
typedef struct
{
  uint32_t EXTI_Line;              /*!< Specifies the EXTI lines to be enabled or disabled.
                                    This parameter can be any combination of @ref EXTI_Lines */

  EXTIMode_TypeDef EXTI_Mode;      /*!< Specifies the mode for the EXTI lines.
                                    This parameter can be a value of @ref EXTIMode_TypeDef */

  EXTITrigger_TypeDef EXTI_Trigger; /*!< Specifies the trigger signal active edge for the EXTI lines
                                    This parameter can be a value of @ref EXTIMode_TypeDef */

  FunctionalState EXTI_LineCmd;    /*!< Specifies the new state of the selected EXTI lines.
                                    This parameter can be set either to ENABLE or DISABLE */
}EXTI_InitTypeDef;
```

图 4 – 36

EXTI_InitTypeDef 类型结构变量内部有 4 个数据, 对这 4 个数据分别进行赋值即可设置外部中断的状态, 项目四 (外部中断项目) 对这 4 个属性值赋值, 如图 4 – 37 所示, 利用代码 EXTI_InitStructure. EXTI_Line = EXTI_Line3; 可将中断线路设置为线路 3, 利用代码 EXTI_InitStructure. EXTI_Mode = EXTI_Mode_Interrupt 可将中断模式设置为中断请求模式, 利用代码 EXTI_InitStructure. EXTI_Trigger = EXTI_Trigger_Falling; 可将中断发生的触发机制设置为下降沿触发, 利用代码 EXTI_InitStructure. EXTI_LineCmd = ENABLE; 可将外部中断设置为使能属性。

```
EXTI_InitStructure.EXTI_Line=EXTI_Line3;
EXTI_InitStructure.EXTI_Mode = EXTI_Mode_Interrupt;
EXTI_InitStructure.EXTI_Trigger = EXTI_Trigger_Falling;
EXTI_InitStructure.EXTI_LineCmd = ENABLE;
EXTI_Init(&EXTI_InitStructure);
```

图 4 – 37

完成了 EXTI_InitTypeDef 类型结构变量 EXTI_InitStructure 的数据赋值后，即可通过函数 EXTI_Init(&EXTI_InitStructure)完成中断的初始化。

1.2 外部中断处理响应知识要点

STM32 的 I/O 端口外部中断处理响应函数只有 7 个，如图 4 – 38 所示，但需要处理的外部中断却有 15 个，其中中断线 0 ~ 4 各对应一个中断函数，中断线 5 ~ 9 共用中断函数 EXTI9_5_IRQHandler，中断线 10 ~ 15 共用中断函数 EXTI15_10_IRQHandler。

```
EXPORT EXTI0_IRQHandler
EXPORT EXTI1_IRQHandler
EXPORT EXTI2_IRQHandler
EXPORT EXTI3_IRQHandler
EXPORT EXTI4_IRQHandler
EXPORT EXTI9_5_IRQHandler
EXPORT EXTI15_10_IRQHandler
```

图 4 – 38

对于共用中断函数 EXTI9_5_IRQHandler 和 EXTI15_10_IRQHandler，为进一步确定是 5 ~ 9 以及 10 ~ 15 内的哪个中断引出触发，需要借助代码 Temp = EXTI – > PR；及代码 Temp = EXTI –>PR；将外部中断的 PR 寄存器值读出赋值给 Temp 寄存器，PR 寄存器的介绍如图 4 – 39 所示，当某一个 0 ~ 15 中断线被响应，则 PR 寄存器中相应的 PR0 ~ PR15 的对应位被置 1，通过这种方式即可甄别出具体被响应的中断线。

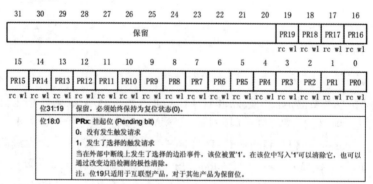

图 4 – 39

拓展任务训练

1.1 键控 4 指示灯流水设计

（1）任务目标

①掌握 PROTEUS 软件的键控 4 指示灯流水仿真图设计方法。

②掌握 KEIL 软件的设计开发流程。

③掌握键控 4 指示灯流水程序设计方法。

（2）任务概述

设计一个键控 4 指示灯流水电路，按键按下则启动定时器实现键控 4 指示灯流水效果。

项目运行平台：PROTEUS。

软件开发平台：KEIL5.0。

MCU 芯片选用：STM32F103R6。

LED0 端口：PB12。

LED1 端口：PB13。

LED2 端口：PB14。

LED3 端口：PB15。

KEY0 端口：PA7，外部中断实现。

KEY1 端口：PA8，外部中断实现。

（3）任务要求

任务运行的初始状态指示灯熄灭，按下 KEY0 松开，LED0～LED3 实现流水灯效果：先是 LED0 点亮，LED1～LED3 熄灭；随后 LED0～LED1 点亮，LED2～LED3 熄灭；随后 LED0～LED2 点亮，LED3 熄灭，直到 LED0～LED3 均点亮；再返回到 LED0～LED2 点亮，LED3 熄灭；随后 LED0～LED1 点亮，LED2～LED3 熄灭；随后 LED0 点亮，LED1～LED3 熄灭，直到 LED0～LED3 都熄灭；循环往复。流水灯变化间隔时间为 0.05 s。

按下 KEY3 松开：停止流水灯效果，且此时 KEY0～KEY2 被屏蔽，再按下这些按键将不再生效。

（4）任务实施

对项目进行电路仿真图纸设计及软件程序编制，编译无误后可在 PROTEUS 仿真平台上进行仿真。仿真实现项目功能后，可以下载到嵌入式硬件平台上，用 2 个独立按键来控制 4 个指示灯实现项目效果。

（5）键控 4 指示灯流水设计技能考核

学号		姓名		小组成员	
安全评价	违反用电安全规定 总评成绩计 0 分		总评成绩		
素质目标	1. 职业素养：遵守工作时间，使用实践设备时注意用电安全。 2. 团结协作：小组成员具有协作精神和团队意识。 3. 劳动素养：具有劳动意识，实践结束后，能整理清洁好工作台面，为其他同学实践创造良好的环境			学生自评 （2 分）	
				小组互评 （2 分）	
				教师考评 （6 分）	
				素质总评 （10 分）	

知识 目标	1. 掌握 PROTEUS 软件的使用。 2. 掌握 KEIL5.0 设计开发流程。 3. 掌握 C 语言输入方法。 4. 掌握键控 4 指示灯流水设计思路	学生自评 （10 分）	
		教师考评 （20 分）	
		知识总评 （30 分）	
能力 目标	1. 能设计键控 4 指示灯流水电路。 2. 能实现项目的功能要求。 3. 能就任务的关键知识点完成互动答辩	学生自评 （10 分）	
		小组互评 （10 分）	
		教师考评 （40 分）	
		能力总评 （60 分）	

1.2 多功能键控显示

（1）任务目标

①掌握 PROTEUS 软件下多功能键控显示仿真图项目设计方法。

②掌握 KEIL 软件的设计开发流程。

③掌握多功能键控显示项目的程序设计方法。

（2）任务概述

设计一个多功能键控显示电路，多次按下功能键显示效果可进行切换。

项目运行平台：PROTEUS。

软件开发平台：KEIL5.0。

MCU 芯片选用：STM32F103R6。

LED0 端口：PA1。

LED1 端口：PA2。

KEY0 端口：PB10，外部中断实现。

KEY1 端口：PC11，外部中断实现。

（3）任务要求

任务运行的初始状态指示灯 LED0、LED1 均熄灭；按第一次 KEY0，LED0 亮/LED1 灭；按第二次 KEY0，LED0 亮/LED1 亮；按第三次 KEY0，LED0 灭/LED1 亮；按第四次 KEY0，LED0 灭/LED1 灭；如此循环往复。

按下一次 KEY1 则 KEY0 按键不生效，再次按下 KEY1 则 KEY0 恢复使用。

（4）任务实施

对项目进行电路仿真图纸设计及软件程序编制，编译无误后可在 PROTEUS 仿真平台上进行仿真。仿真实现项目功能后，可以下载到嵌入式硬件平台上，用 2 个独立按键控制两个指示灯进行效果验证。

（5）多功能键控显示技能考核

学号		姓名		小组成员	
安全评价	违反用电安全规定 总评成绩计 0 分		总评成绩		
素质目标	1. 职业素养：遵守工作时间，使用实践设备时注意用电安全。 2. 团结协作：小组成员具有协作精神和团队意识。 3. 劳动素养：具有劳动意识，实践结束后，能整理清洁好工作台面，为其他同学实践创造良好的环境		学生自评 （2 分）		
			小组互评 （2 分）		
			教师考评 （6 分）		
			素质总评 （10 分）		
知识目标	1. 掌握 PROTEUS 软件的使用。 2. 掌握 KEIL5.0 设计开发流程。 3. 掌握 C 语言输入方法。 4. 掌握多功能键控显示设计思路		学生自评 （10 分）		
			教师考评 （20 分）		
			知识总评 （30 分）		
能力目标	1. 能设计多功能键控显示电路。 2. 能实现项目的功能要求。 3. 能就任务的关键知识点完成互动答辩		学生自评 （10 分）		
			小组互评 （10 分）		
			教师考评 （40 分）		
			能力总评 （60 分）		

 思考与练习

1. 简述 STM32 外部中断的个数及分类，每一类各包含哪些外部中断源。

2. 指出 EXTI_InitTypeDef 结构变量有哪些内部数据并解释其含义。

3. 简述 AFIO 的外部中断配置寄存器共有几个，如何配置外部中断源，如何调用库函数实现外部中断配置寄存器的修改。

4. 在共用中断函数 EXTI9_5_IRQHandler 中实现 5~9 中两个以上中断线路的设计思路是什么？

5. 介绍 PR 寄存器的含义及它的应用方法。

项目五

设计数码管

项目背景

高端智能化工业设备可通过数码管显示当前的状态及信息,通过本项目的学习可掌握数码管的概念、原理及编程技巧,有助于进一步深入学习现代化产业体系下的嵌入式开发技术。

项目目标

1. 掌握 PROTEUS 软件绘制数码管显示电路图的设计方法。
2. 掌握静态、动态数码管显示的概念和原理。
3. 掌握嵌入式系统控制数码管显示的程序设计方法。
4. 掌握数码管与定时器、外部中断集成的应用技巧。

职业素养

知识从学习中获取,素质从改善中进步。

任务一　静态数码管显示设计

任务目标
①掌握 PROTEUS 软件的静态数码管仿真图设计方法。
②掌握数码管的工作原理。
③掌握 STM32 控制静态数码管显示的程序设计方法。

任务描述
设计一个静态数码管显示项目。
项目运行平台:PROTEUS。
软件开发平台:KEIL5.0。

MCU 芯片选用：STM32F103R6。

数码管仿真模块：数码管仿真模块的段码分别连接到 PC0～PC7，公共端接地。

具体要求：

任务运行后，数码管显示 0。

任务实施

（1）电路设计

在仿真电路设计界面打开"Pick Devices"对话框，依次添加 STM32F103R6、7SEG－MPX1－CC 等元件，随后将这些元件调入仿真绘图区，并调出 POWER、GROUND 端子，然后按如图 5－1 所示完成电路连线，现结合仿真图对数码管显示原理进行介绍。

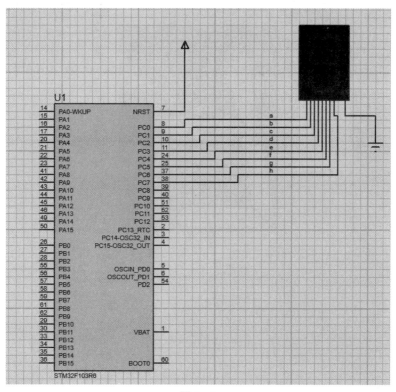

图 5－1

数码管的外形结构如图 5－2 所示，数码管由 8 个发光二极管构成，如图 5－3 所示，一个数码管上共有 a、b、c、d、e、f、g、h 8 个发光二极管，将这 8 个发光二极管的阴极连接到一起接地，如图 5－4 所示，8 个发光二极管各自的阳极如果连接到了高电平，则相应的二极管点亮。在图 5－4 中令 a、b、c 三个发光二极管的阳极为 3.3 V，d、e、f、g、h 5 个发光二极管的阳极为 0，则 a、b、c 3 个发光二极管被点亮，d、e、f、g、h 5 个发光二极管熄灭，在数码管上呈现出来数字 7 的效果（见图 5－3）。

本任务要显示的数码管上 a、b、c、d、e、f、g、h 发光二极管的阴极接地，阳极接到了 STM32 芯片的 PC0～PC7 端口，通过编程控制令 a、b、c、d、e、f、g、h 发光二极管的阳极为高（或低）电平即可控制要显示的输出字符。

图 5-2

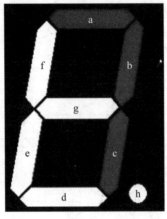

图 5-3

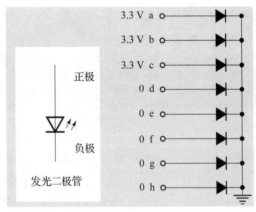

图 5-4

（2）软件编程

扫描本页右侧二维码下载任务一软件例程，下载后的文件夹名称为"5.1 单个外部中断设计"，进入文件夹可见其包含多个子文件夹，如图 5-5 所示，打开 USER 文件夹后鼠标左键双击 KEIL5 软件工程图标即可打开软件程序工程，其界面如图 5-6 所示。

任务一软件例程
（扫码下载）

BALANCE　　CORE　　HARDWARE　　OBJ　　STM32F10x_FW Lib　　SYSTEM　　USER　　静态数码管显示设计.pdsprj

图 5 – 5

图 5 – 6

在图 5 – 6 软件工程界面的左侧区域为项目导航区，通过鼠标左键点击导航区中的文件夹及程序文件即可在界面中间的代码编辑区看到文件内的程序代码，代码编辑区上方有已打开的程序文件的标签页，通过鼠标左键点击不同标签页即可将不同文件的代码在代码编辑区内显示出来。

利用鼠标左键双击左侧项目导航区的 main. c 文件，在软件的中间区域将出现 main. c 源文件的具体内容，如图 5 – 6 所示，在 main. c 源文件内可见主函数 main(void)，主函数 main 是程序的入口函数，代码从这个函数开始往下执行。在 main(void)函数内包含了 dsp_Init( )初始化函数，其中 dsp_Init( )初始化函数用于配置 STM32F103R6 芯片连接到数码管的端口 PC0 ~ PC7。在 while(1) 循环体内部则是驱动数码管端口的代码。

在左侧项目导航区鼠标左键点开 HARDWARE 文件夹下的 dsp. c 文件左侧的 + 号，将会展开多个文件，随后鼠标左键双击 dsp. h 文件，在中间区域将出现 dsp. h 头文件的具体内容，如图 5 – 6 所示，在 dsp. h 头文件中利用代码#define D0 PCout (0) 将 D0 这个符号与 STM32F103R6 芯片的 PC0 引脚关联起来；同理，利用类似代码将 D0 ~ D7 与 PC0 ~ PC7 端口进行关联。

继续在左侧项目导航区鼠标左键双击点开 dsp. c 文件，在中间区域将出现 dsp. c 源文件的具体内容，如图 5 – 7 所示，void dsp_Init(void)函数内部的代码对 PC0 ~ PC7 引脚的模式进行了输出模式的端口配置。

在仿真图 5 – 1 中，PC0 对应发光二极管 a 的阳极，PC1 对应发光二极管 b 的阳极，PC2 对应发光二极管 c 的阳极，PC3 对应发光二极管 d 的阳极，PC4 对应发光二极管 e 的阳极，PC5 对应发光二极管 f 的阳极，PC6 对应发光二极管 g 的阳极，PC7 对应发光二极管 h 的阳极。如果要数码管显示 0，只需 a、b、c、d、e、f 6 个发光二极管点亮，也即 PC0、PC1、PC2、PC3、PC4、PC5 端口输出为高电平。在图 5 – 8 中可见 dsp. h 头文件内 D0 ~ D7 与 PC0 ~ PC7 进行了关联，因而在 main. c 主函数代码内令 D0 = 1；D1 = 1；D2 = 1；D3 = 1；D4 = 1；D5 = 1；D6 = 0；D7 = 0；就可以实现数码管显示 0 的效果。

```
void dsp_Init(void)
{

  GPIO_InitTypeDef  GPIO_InitStructure;

  RCC_APB2PeriphClockCmd(RCC_APB2Periph_GPIOC, ENABLE);

  GPIO_InitStructure.GPIO_Pin = GPIO_Pin_All;
  GPIO_InitStructure.GPIO_Mode = GPIO_Mode_Out_PP;
  GPIO_InitStructure.GPIO_Speed = GPIO_Speed_50MHz;
  GPIO_Init(GPIOC, &GPIO_InitStructure);
  GPIO_SetBits(GPIOC,GPIO_Pin_All);

}
```

图 5 - 7

```
#ifndef  __DSP_H
#define  __DSP_H
#include "sys.h"

#define D0 PCout(0)
#define D1 PCout(1)
#define D2 PCout(2)
#define D3 PCout(3)
#define D4 PCout(4)
#define D5 PCout(5)
#define D6 PCout(6)
#define D7 PCout(7)

void dsp_Init(void);

#endif
```

图 5 - 8

在工程目录下的"HARDWARE"文件夹的"DSP"子文件夹下建立有 dsp. c 和 dsp. h 两个文件。

"dsp. h"头文件内的代码如下：

```
#ifndef __DSP_H
#define __DSP_H
#include "sys.h"
#define D0 PCout(0)
#define D1 PCout(1)
#define D2 PCout(2)
#define D3 PCout(3)
#define D4 PCout(4)
#define D5 PCout(5)
#define D6 PCout(6)
#define D7 PCout(7)
void dsp_Init(void);
#endif
```

"dsp. c"源文件内的代码如下：

```
#include "dsp.h"
void dsp_Init(void)
{
```

```
GPIO_InitTypeDef  GPIO_InitStructure;
RCC_APB2PeriphClockCmd(RCC_APB2Periph_GPIOC, ENABLE);
GPIO_InitStructure.GPIO_Pin = GPIO_Pin_All;
GPIO_InitStructure.GPIO_Mode = GPIO_Mode_Out_PP;
GPIO_InitStructure.GPIO_Speed = GPIO_Speed_50MHz;
GPIO_Init(GPIOC, &GPIO_InitStructure);
GPIO_SetBits(GPIOC,GPIO_Pin_All);
}
```

"main. c"源文件内的代码如下：

```
#include "sys.h"
#include "dsp.h"
int main(void)
{
    dsp_Init();
      while(1)
      {
          D0 =1;D1 =1;D2 =1;D3 =1;D4 =1;D5 =1;D6 =0;D7 =0;
      }
}
```

（3）效果验证

在仿真图形中，鼠标左键双击 STM32 芯片，即弹出图 5 - 9 所示界面，此时鼠标左键单击"文件夹"按钮，找到工程文件夹下 OBJ 子文件夹内编译生成的后缀名为 Hex 的文件，鼠标左键单击右上角的"OK"按钮，即完成了程序的装载。

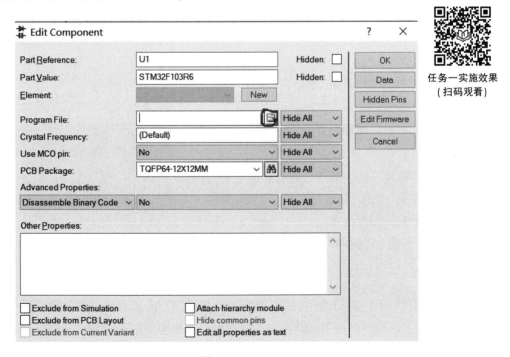

任务一实施效果
（扫码观看）

图 5 - 9

回到仿真界面，鼠标左键单击左下角的"仿真运行"按键，如图 5 - 10 所示，数码管显示数字 0，项目验证成功。

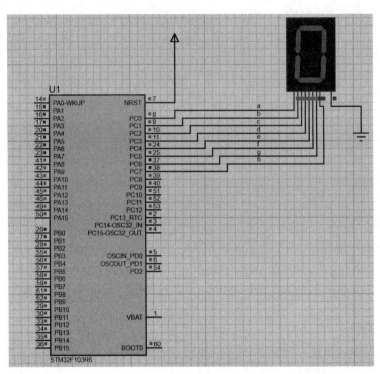

图 5 - 10

任务二 外部中断调控静态数码管设计

任务目标

①掌握 PROTEUS 软件的外部中断调控静态数码管仿真图设计方法。

②掌握外部中断调控静态数码管的工作原理。

③掌握外部中断调控静态数码管的程序设计方法。

任务描述

设计一个外部中断调控静态数码管显示变化的项目。

项目运行平台：PROTEUS。

软件开发平台：KEIL5.0。

MCU 芯片选用：STM32F103R6。

外部中断端口 KEY0：KEY0 连接到 PA2 端口，端口 PA2 通过电阻被上拉到正电源，呈
高电平状态，当按键被按下时则端口 PA2 被拉至低电平。

外部中断端口 KEY1：KEY1 连接到 PB6 端口，端口 PB6 通过电阻被上拉到正电源，呈
高电平状态，当按键被按下时则端口 PB6 被拉至低电平。

数码管仿真模块：数码管仿真模块发光二极管的阳极分别连接到 PC0 ~ PC7，阴极连接
到一起作为公共端接地。

具体要求：

任务运行后，数码管显示 0，按下 KEY0 按键则数码管显示加 1，加到 9 之后则保持不

变；按下 KEY1 按键则数码管显示减 1，减到 0 之后则保持不变。

任务实施

（1）电路设计

在仿真电路设计界面进入"Pick Devices"对话框，依次添加 STM32F103R6、BUTTON、RES、7SEG－MPX1－CC 等元件，随后将这些元件调入仿真绘图区，并调出 POWER、GROUND 端子，按图 5－11 所示完成电路连线以实现项目的仿真图设计。

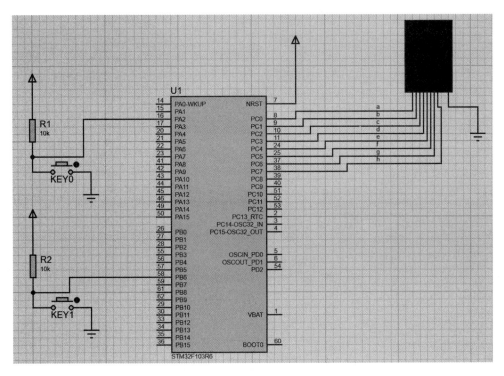

图 5－11

（2）软件编程

本任务是在项目 5.1（静态数码管显示设计）的基础上修改实现的，利用鼠标左键双击左侧项目导航区的 main.c 文件，在软件的中间区域将出现 main.c 源文件的具体内容，如图 5－12 所示，在 main.c 源文件内可见主函数 main(void)，主函数 main 是程序的入口函数，代码从这个函数开始往下执行。在 main(void)函数内包含了 dsp_Init()初始化函数以及 EXTIX_Init()初始化函数。其中 dsp_Init()初始化函数用于配置 STM32F103R6 芯片连接到数码管的端口 PC0～PC7，EXTIX_Init()初始化函数用于配置 STM32F103R6 芯片连接到 BUTTON 按键的端口 PA2，PB6 为外部中断端口，在 while(1)循环体内部则调用了一个函数 dsp(p)。

在任务一中的主函数内令 D0 = 1；D1 = 1；D2 = 1；D3 = 1；D4 = 1；D5 = 1；D6 = 0；D7 = 0，从而实现数码管显示 0 的效果，这种数码管显示的方法不够灵活，在本任务中则通过构建一个函数 void dsp(u8 m)实现数码管的灵活显示。

函数 dsp(u8 m)在 dsp.c 文件内实现，其代码如图 5－13 所示。

```
#include "sys.h"
#include "dsp.h"
#include "exti.h"

u8 p=0;

int main(void)
{

  dsp_Init();
  EXTIX_Init();
   while(1)
   {

     dsp(p);

   }
}
```

图 5 – 12

```
void dsp(u8 m)
{
    switch(m)
    {
        case(0):  D0=1; D1=1; D2=1; D3=1; D4=1; D5=1; D6=0; D7=0;    break;
        case(1):  D0=0; D1=1; D2=1; D3=0; D4=0; D5=0; D6=0; D7=0;    break;
        case(2):  D0=1; D1=1; D2=0; D3=1; D4=1; D5=0; D6=1; D7=0;    break;
        case(3):  D0=1; D1=1; D2=1; D3=1; D4=0; D5=0; D6=1; D7=0;    break;
        case(4):  D0=0; D1=1; D2=1; D3=0; D4=0; D5=1; D6=1; D7=0;    break;
        case(5):  D0=1; D1=0; D2=1; D3=1; D4=0; D5=1; D6=1; D7=0;    break;
        case(6):  D0=1; D1=0; D2=1; D3=1; D4=1; D5=1; D6=1; D7=0;    break;
        case(7):  D0=1; D1=1; D2=1; D3=0; D4=0; D5=0; D6=0; D7=0;    break;
        case(8):  D0=1; D1=1; D2=1; D3=1; D4=1; D5=1; D6=1; D7=0;    break;
        case(9):  D0=1; D1=1; D2=1; D3=1; D4=0; D5=1; D6=1; D7=0;    break;

    }
}
```

图 5 – 13

函数 dsp(u8 m)调用时有一个参数 m，这个 m 就是要显示的数字量，m 取值为 0 ~ 9。在 dsp（u8 m）函数内部有 switch…case…代码，通过变量 m 值选择相对应的 case 分支，当 m 为 0 时，case 分支执行 D0 = 1；D1 = 1；D2 = 1；D3 = 1；D4 = 1；D5 = 1；D6 = 0；D7 = 0；代码，这将使得数码管显示 0，同理当 m 为 0 ~ 9 中任何一个数，case 分支均会执行对应的代码以使得数码显示与 m 对应的显示值。

在主函数内定义了一个 u8 类型的全局变量 p，令其初始化为 0，在主函数的 while(1) 循环体内部则调用了函数 dsp(p)，变量 p 即作为参数被调用，变量 p 的值即数码管被显示的值。

在 exti. c 文件内有外部中断初始化函数 void EXTIX_Init(void)、中断处理响应函数 void EXTI2_IRQHandler(void)、void EXTI9_5_IRQHandler(void)。关于外部中断的配置在项目四中已经做了详细描述，在此不再赘述。

由于 exti. c 文件内需要使用 main. c 文件内定义的变量 p，因而在 exti. c 文件需要通过代码 extern u8 p 对变量 p 进行引用，从而可在 exti. c 文件内使用变量 p。

当按键 KEY0 按下，将触发 EXTI2_IRQHandler 中断处理函数，在此函数内部令变量 p 执行加 1 操作，加到 9 之后则变量 p 保持不变，如图 5 – 14 所示。

```
void EXTI2_IRQHandler(void)
{
  p=p+1;

  if(p>9) p=9;

  EXTI_ClearITPendingBit(EXTI_Line2);
}
```

图 5 – 14

当按键 KEY1 按下，将触发 EXTI9_5_IRQHandler 中断处理函数，在此函数内部令变量 p 执行减 1 操作，减到 0 之后则变量 p 保持不变，如图 5 – 15 所示。

```
void EXTI9_5_IRQHandler(void)
{
    if(p>0) p=p-1;

  EXTI_ClearITPendingBit(EXTI_Line6);
}
```

图 5 – 15

在工程目录下的"HARDWARE"文件夹的"EXTI"子文件夹下建立有 exti.c 和 exti.h 两个文件。"HARDWARE"文件夹的"DSP"子文件夹内有 dsp.c 和 dsp.h 两个文件。

"exti.h"头文件内的代码如下：

```
#ifndef __EXTI_H
#define __EXIT_H
#include "sys.h"
void EXTIX_Init(void);
#endif
```

"exti.c"源文件内的代码如下：

```
#include "exti.h"
extern u8 p;
void EXTIX_Init(void)
{

    EXTI_InitTypeDef EXTI_InitStructure;
    NVIC_InitTypeDef NVIC_InitStructure;

    RCC_APB2PeriphClockCmd(RCC_APB2Periph_AFIO,ENABLE);

    GPIO_EXTILineConfig(GPIO_PortSourceGPIOA,GPIO_PinSource2);
    EXTI_InitStructure.EXTI_Line = EXTI_Line2;
    EXTI_InitStructure.EXTI_Mode = EXTI_Mode_Interrupt;
    EXTI_InitStructure.EXTI_Trigger = EXTI_Trigger_Falling;
    EXTI_InitStructure.EXTI_LineCmd = ENABLE;
    EXTI_Init(&EXTI_InitStructure);

    GPIO_EXTILineConfig(GPIO_PortSourceGPIOB,GPIO_PinSource6);
    EXTI_InitStructure.EXTI_Line = EXTI_Line6;
```

```
        EXTI_InitStructure.EXTI_Mode = EXTI_Mode_Interrupt;
        EXTI_InitStructure.EXTI_Trigger = EXTI_Trigger_Falling;
        EXTI_InitStructure.EXTI_LineCmd = ENABLE;
        EXTI_Init(&EXTI_InitStructure);

        NVIC_InitStructure.NVIC_IRQChannel = EXTI2_IRQn;
        NVIC_InitStructure.NVIC_IRQChannelPreemptionPriority = 0x02;
        NVIC_InitStructure.NVIC_IRQChannelSubPriority = 0x02;
        NVIC_InitStructure.NVIC_IRQChannelCmd = ENABLE;
        NVIC_Init(&NVIC_InitStructure);

        NVIC_InitStructure.NVIC_IRQChannel = EXTI9_5_IRQn;
        NVIC_InitStructure.NVIC_IRQChannelPreemptionPriority = 0x02;
        NVIC_InitStructure.NVIC_IRQChannelSubPriority = 0x02;
        NVIC_InitStructure.NVIC_IRQChannelCmd = ENABLE;
        NVIC_Init(&NVIC_InitStructure);
    }
    void EXTI2_IRQHandler(void)
    {
        p = p +1;
        if(p > 9) p = 9;
        EXTI_ClearITPendingBit(EXTI_Line2);
    }
    void EXTI9_5_IRQHandler(void)
    {
        if(p > 0) p = p -1;
        EXTI_ClearITPendingBit(EXTI_Line6);
    }
```

"dsp. h" 头文件内的代码如下：

```
#ifndef __DSP_H
#define __DSP_H
#include "sys.h"
#define D0 PCout(0)
#define D1 PCout(1)
#define D2 PCout(2)
#define D3 PCout(3)
#define D4 PCout(4)
#define D5 PCout(5)
#define D6 PCout(6)
#define D7 PCout(7)
void dsp_Init(void);
#endif
```

"dsp. c" 源文件内的代码如下：

```
#include "dsp.h"
void dsp_Init(void)
{
 GPIO_InitTypeDef  GPIO_InitStructure;
 RCC_APB2PeriphClockCmd(RCC_APB2Periph_GPIOC | RCC_APB2Periph_GPIOD, ENABLE);
GPIO_InitStructure.GPIO_Pin = GPIO_Pin_All;
```

```
GPIO_InitStructure.GPIO_Mode = GPIO_Mode_Out_PP;
GPIO_InitStructure.GPIO_Speed = GPIO_Speed_50MHz;
GPIO_Init(GPIOC, &GPIO_InitStructure);
GPIO_SetBits(GPIOC,GPIO_Pin_All);
}


void dsp(u8 m)
{
    switch(m)
    {
            case(0): D0 = 1;D1 = 1;D2 = 1;D3 = 1;D4 = 1;D5 = 1;D6 = 0;D7 = 0;break;
            case(1): D0 = 0;D1 = 1;D2 = 1;D3 = 0;D4 = 0;D5 = 0;D6 = 0;D7 = 0;break;
            case(2): D0 = 1;D1 = 1;D2 = 0;D3 = 1;D4 = 1;D5 = 0;D6 = 1;D7 = 0;break;
            case(3): D0 = 1;D1 = 1;D2 = 1;D3 = 1;D4 = 0;D5 = 0;D6 = 1;D7 = 0;break;
            case(4): D0 = 0;D1 = 1;D2 = 1;D3 = 0;D4 = 0;D5 = 1;D6 = 1;D7 = 0;break;
            case(5): D0 = 1;D1 = 0;D2 = 1;D3 = 1;D4 = 0;D5 = 1;D6 = 1;D7 = 0;break;
            case(6): D0 = 1;D1 = 0;D2 = 1;D3 = 1;D4 = 1;D5 = 1;D6 = 1;D7 = 0;break;
            case(7): D0 = 1;D1 = 1;D2 = 1;D3 = 0;D4 = 0;D5 = 0;D6 = 0;D7 = 0;break;
            case(8): D0 = 1;D1 = 1;D2 = 1;D3 = 1;D4 = 1;D5 = 1;D6 = 1;D7 = 0;break;
            case(9): D0 = 1;D1 = 1;D2 = 1;D3 = 1;D4 = 0;D5 = 1;D6 = 1;D7 = 0;break;


    }
}
```

"main. c" 源文件内的代码如下:

```
#include "sys.h"
#include "dsp.h"
#include "exti.h"
u8 p = 0;
int main(void)
{
    dsp_Init();
    EXTIX_Init();
        while(1)
        {
            dsp(p);
        }
}
```

（3）效果验证

在仿真图形中，鼠标左键双击 STM32 芯片，即弹出图 5-16 所示界面，此时鼠标左键单击 "文件夹" 按钮，找到工程文件夹下 OBJ 子文件夹内编译生成的后缀名为 Hex 的文件，鼠标左键单击右上角的 "OK" 按钮，即完成了程序的装载。

回到仿真界面，鼠标左键单击左下角的 "仿真运行" 按键，数码管显示 0，如图 5-17 所示，当按下 KEY0 按键则数码管显示加 1，当按下 KEY1 按键则数码管显示减 1 又变为 0，如图 5-18 所示，进一步可验证通过调节 KEY0 和 KEY1 使得数码管在 0~9 之间变化，项目验证成功。

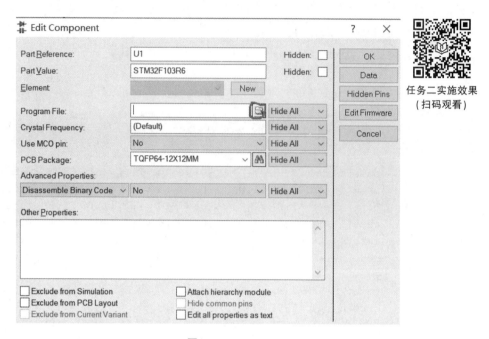

图 5 – 16

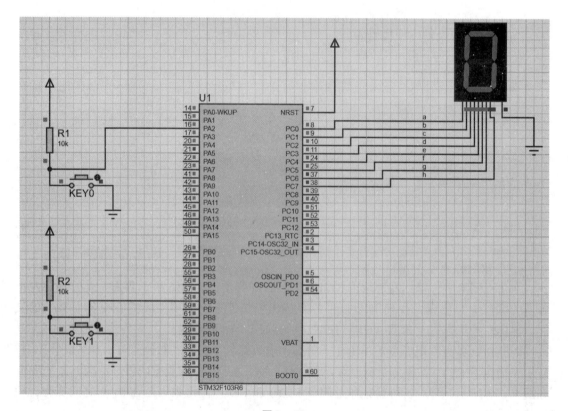

图 5 – 17

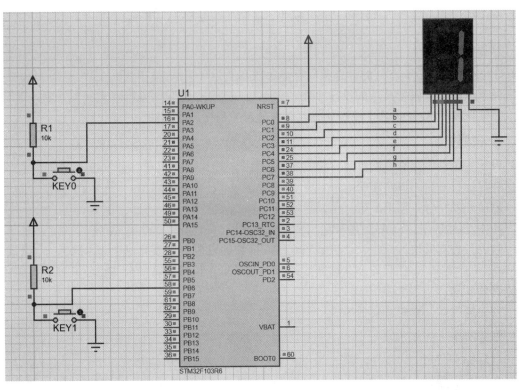

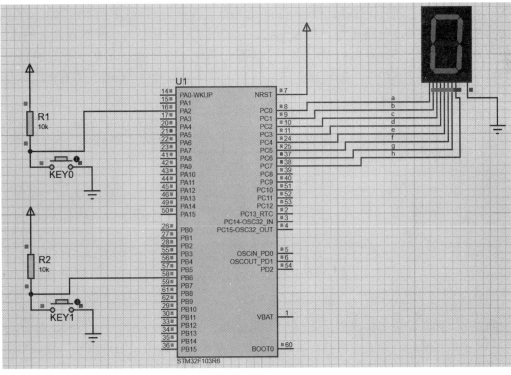

图 5－18

任务三　动态数码管显示设计

任务目标

①掌握 PROTEUS 软件的动态数码管显示仿真图设计方法。

②掌握动态数码管显示的设计原理。

③掌握基于 STM32 芯片控制动态数码管显示的程序设计方法。

任务描述

设计一个基于定时器的流水灯显示项目。

项目运行平台：PROTEUS。

软件开发平台：KEIL5.0。

MCU 芯片选用：STM32F103R6。

数码管仿真模块：十位、个位数码管仿真模块的段码分别连接到 PC0 ~ PC7，十位数码
　　　　　　　　管的公共端连接到 PB0 端子，个位数码管的公共端连接到 PB1 端子。

具体要求：

任务运行后，数码管显示 36。

任务实施

（1）电路设计

在仿真电路设计界面打开 "Pick Devices" 对话框，依次添加 STM32F103R6、7SEG –
MPX1 – CC 等元件，随后将这些元件调入仿真绘图区，并调出 POWER、GROUND 端子，然
后按图 5 – 23 所示完成电路连线。在图 5 – 23 中采用了一种标号的方式实现端子的连接，
左边数码管公共端上的标号为 COM1，右边数码管公共端上的标号为 COM2，在 STM32 芯片
的 PB0 端子上标号为 COM1，在 STM32 芯片的 PB1 端子上标号为 COM2，仿真图上标号相
同的端子是互联的。

要给某个端子添加标号，首先需在相应端子上连接引出一段导线，如图 5 – 19 所示。

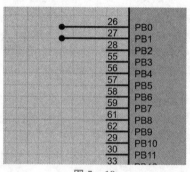

图 5 – 19

随后用鼠标左键单击仿真图最左侧的 LBL 图标，如图 5 – 20 所示，再将鼠标移动到
图 5 – 19 中所示的 PB0 端子左侧的导线上单击鼠标左键，将弹出 "编辑标号" 对话框，在
对话框中的 String 输入框中填入 "COM1"，如图 5 – 21 所示，单击 "OK" 按钮退出，仿真
图界面上的 PB0 端口将显示 COM1 标号，如图 5 – 22 所示。同理可在仿真图中添加其余端
子对应的标号，完成后的仿真图如图 5 – 23 所示。

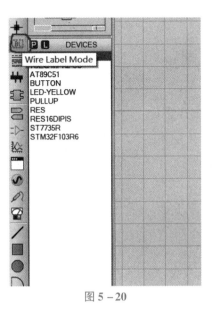

图 5 – 20

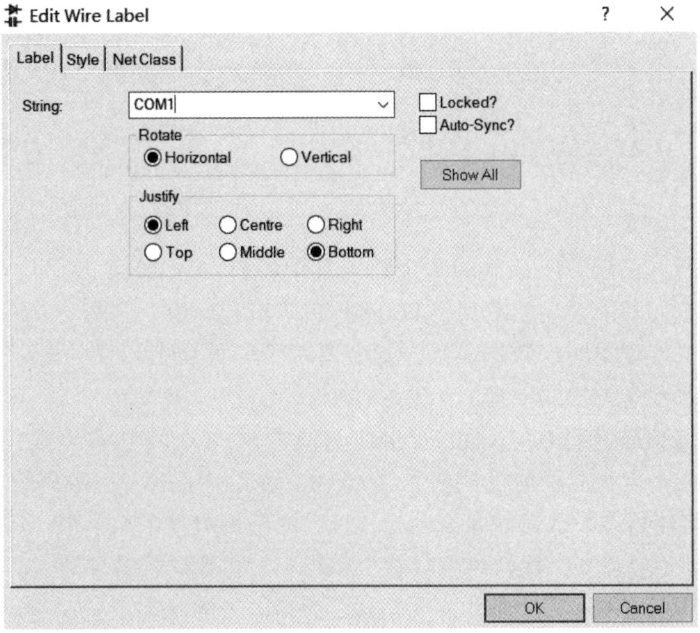

图 5 – 21

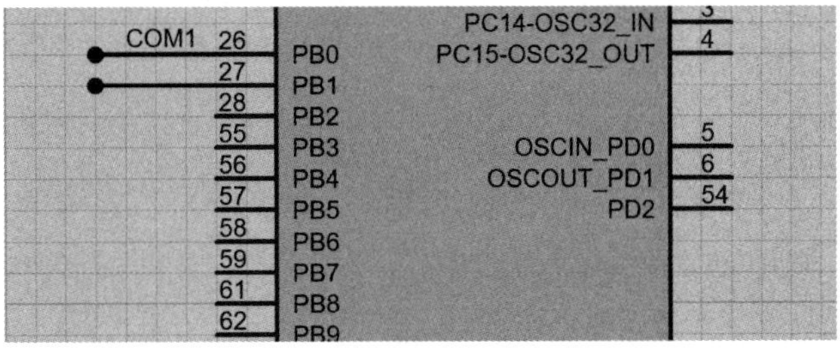

图 5 – 22

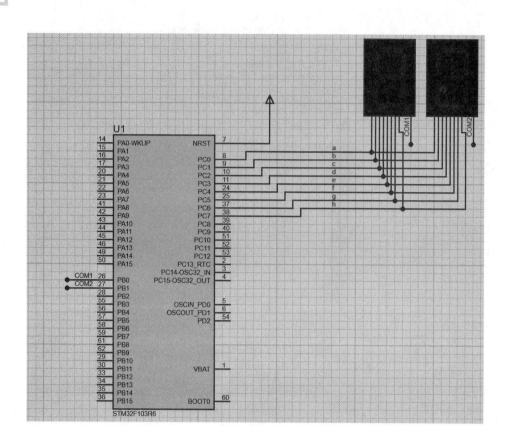

图 5 – 23

如图 5 – 23 所示，任务所调用的两个数码管中各自均包含 a、b、c、d、e、f、g、h 8 个发光二极管，它们的阳极均连接到了 PC0 ~ PC7 端口，理论上这两个数码管显示的数据应该相同，如果想要实现不同的数据显示，则需要基于一种动态扫描的设计思想，下面结合仿真图介绍数码管动态扫描的原理。

在数码管动态扫描过程中，首先令 COM1 为低电平，COM2 为高电平，由于 COM1 连接到了左边数码管 8 个发光二极管的阴极，当 COM1 为低电平则左边数码管就被选通了，而 COM2 为高电平将使得右边数码管 8 个发光二极管的阴极被接了高电平，从而右边数码管的 8 个发光二极管都不会点亮，保持熄灭状态，相当于右边数码管被屏蔽了。

如图 5 – 24 所示在 COM1 为低电平，COM2 为高电平的状态下，通过对 PC0 ~ PC7 端口配置使得显示数据为 3，将使得左边数码管显示 3，这个状态保持一段时间 t 后，再令 COM1 为高电平，COM2 为低电平，通过对 PC0 ~ PC7 端口配置使得显示数据为 6，将使得右边数码管显示 6，这个状态也保持一段时间 t。

左右两个数码管每一时刻只有一个数码管有显示，只要切换的时间 t 足够快，人眼无法分辨出来，两个数码管就会呈现出同时显示不同数据的效果。

（2）软件编程

本任务是在任务一（静态数码管显示设计）的基础上修改实现的，利用鼠标左键双击左侧项目导航区的 main. c 文件，在软件的中间区域将出现 main. c 源文件的具体内容，如图 5 – 25 所示，在 main. c 源文件内可见主函数 main（ void），主函数 main 是程序的入口函

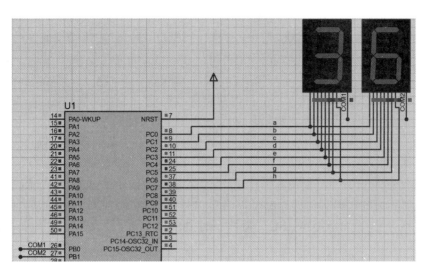

图 5 – 24

数，代码从这个函数开始往下执行。在 main(void) 函数内包含了 dsp_Init( ) 初始化函数，用于配置 STM32F103R6 芯片连接到数码管的端口 PC0 ~ PC7 以及左右两个数码管的公共端 COM1 和 COM2。在 while(1) 循环体内部则是动态扫描两位数码管的程序代码。

```c
#include "delay.h"
#include "sys.h"
#include "dsp.h"

u8   m=36;

  void delay( u32 dy  )
  {

      while(dy)
      {

        dy--;
      }

  }

int main(void)
{

  dsp_Init();
    while(1)
    {
      COM1=0;  COM2=1;dsp(m/10);  delay(20000);
      COM1=1;  COM2=0;dsp(m%10);  delay(20000);

    }
}
```

图 5 – 25

在 main. c 源文件的顶部定义了一个 u8 类型的变量 m，其初始化为 36。在 while(1) 循环内有两行代码，第一行 COM1 = 0；COM2 = 1；dsp(m/10)；delay(20000)；这条代码中的 COM1 = 0；COM2 = 1；将使得仿真图 5 – 23 中左边数码管被选通，随后利用代码 dsp(m/10)

将变量 m 十位上的数据提取出作为参数被函数 dsp 调用，让数码管显示变量 m 的十位数字 3，随后再调用延时函数 delay(20000)令左边数码管显示 3，右边数码管被屏蔽的状态保持一段时间。

第二行 COM1 = 1；COM2 = 0；dsp(m%10)；delay(20000)；这条代码中 COM1 = 1；COM2 = 0；将使得仿真图 5 - 23 中右边数码管被选通，随后利用代码 dsp(m%10)将变量 m 个位上的数据提取出作为参数被函数 dsp 调用，让数码管显示变量 m 的个位数字 6，随后再调用延时函数 delay(20000)令右边数码管显示 6，右边数码管被屏蔽的状态保持一段时间。

延时函数 delay(u32 dy)使用时需调用一个 32 位的参数 dy，根据 dy 的值决定延时时间的长短。延时函数的代码实现部分也在 main. c 文件中，如图 5 - 25 所示。

在工程目录下的 "HARDWARE" 文件夹的 "DSP" 子文件夹下建立有 dsp. c 和 dsp. h 两个文件。

"dsp. h" 头文件内的代码如下：

```
#ifndef __DSP_H
#define __DSP_H
#include "sys.h"
#define D0 PCout(0)
#define D1 PCout(1)
#define D2 PCout(2)
#define D3 PCout(3)
#define D4 PCout(4)
#define D5 PCout(5)
#define D6 PCout(6)
#define D7 PCout(7)
#define COM1 PBout(0)
#define COM2 PBout(1)
void dsp_Init(void);
void dsp(u8 m);
#endif
```

"dsp. c" 源文件内的代码如下：

```
#include "dsp.h"
void dsp_Init(void)
{
GPIO_InitTypeDef  GPIO_InitStructure;
RCC_APB2PeriphClockCmd(RCC_APB2Periph_GPIOC | RCC_APB2Periph_GPIOB,ENABLE);
 GPIO_InitStructure.GPIO_Pin = GPIO_Pin_All;
 GPIO_InitStructure.GPIO_Mode = GPIO_Mode_Out_PP;
 GPIO_InitStructure.GPIO_Speed = GPIO_Speed_50MHz;
 GPIO_Init(GPIOC, &GPIO_InitStructure);
 GPIO_SetBits(GPIOC,GPIO_Pin_All);

 GPIO_InitStructure.GPIO_Pin = GPIO_Pin_0;
 GPIO_InitStructure.GPIO_Mode = GPIO_Mode_Out_PP;
 GPIO_InitStructure.GPIO_Speed = GPIO_Speed_50MHz;
 GPIO_Init(GPIOB, &GPIO_InitStructure);
 GPIO_SetBits(GPIOB,GPIO_Pin_0);
```

```
GPIO_InitStructure.GPIO_Pin = GPIO_Pin_1;
GPIO_InitStructure.GPIO_Mode = GPIO_Mode_Out_PP;
GPIO_InitStructure.GPIO_Speed = GPIO_Speed_50MHz;
GPIO_Init(GPIOB, &GPIO_InitStructure);
GPIO_SetBits(GPIOB,GPIO_Pin_1);
}
void dsp(u8 m)
{
    switch(m)
    {
            case(0): D0 =1;D1 =1;D2 =1;D3 =1;D4 =1;D5 =1;D6 =0;D7 =0;break;
            case(1): D0 =0;D1 =1;D2 =1;D3 =0;D4 =0;D5 =0;D6 =0;D7 =0;break;
            case(2): D0 =1;D1 =1;D2 =0;D3 =1;D4 =1;D5 =0;D6 =1;D7 =0;break;
            case(3): D0 =1;D1 =1;D2 =1;D3 =1;D4 =0;D5 =0;D6 =1;D7 =0;break;
            case(4): D0 =0;D1 =1;D2 =1;D3 =0;D4 =0;D5 =1;D6 =1;D7 =0;break;
            case(5): D0 =1;D1 =0;D2 =1;D3 =1;D4 =0;D5 =1;D6 =1;D7 =0;break;
            case(6): D0 =1;D1 =0;D2 =1;D3 =1;D4 =1;D5 =1;D6 =1;D7 =0;break;
            case(7): D0 =1;D1 =1;D2 =1;D3 =0;D4 =0;D5 =0;D6 =0;D7 =0;break;
            case(8): D0 =1;D1 =1;D2 =1;D3 =1;D4 =1;D5 =1;D6 =1;D7 =0;break;
            case(9): D0 =1;D1 =1;D2 =1;D3 =1;D4 =0;D5 =1;D6 =1;D7 =0;break;
    }
}
```

"main. c" 源文件内的代码如下:

```
#include "led.h"
#include "delay.h"
#include "sys.h"
#include "dsp.h"
    u8   m =36;
void delay(u32 dy   )
   {
    while(dy)
     {
       dy -- ;
     }
   }
  int main(void)
  {
    delay(20000);
    dsp_Init();
    while(1)
    {
        COM1 =0; COM2 =1;dsp(m/10); delay(20000);
        COM1 =1; COM2 =0;dsp(m%10); delay(20000);
    }
}
```

（3）效果验证

在仿真图形中，鼠标左键双击 STM32 芯片，即弹出图 5 – 26 所示界面，此时鼠标左键单击"文件夹"按钮，找到工程文件夹下 OBJ 子文件夹内编译生成的后缀名为 Hex 的文件，鼠标左键单击右上角的"OK"按钮，即完成了程序的装载。

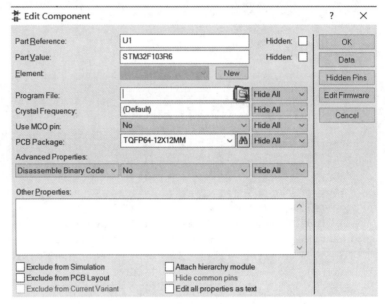

任务三实施效果
（扫码观看）

图 5 - 26

回到仿真界面，鼠标左键单击左下角的"仿真运行"按键，项目仿真运行时，数码管显示字符 36，项目验证成功。

任务四　键控 3 位数码管显示设计

任务目标

①掌握 PROTEUS 软件的键控 3 位数码管显示仿真图设计方法。
②掌握键控 3 位数码管显示的设计原理。
③掌握键控 3 位数码管显示的程序设计方法。

任务描述

设计一个键控 3 位数码管显示，可通过按键控制 3 位数码管的计数启动、停止及清零。
项目运行平台：PROTEUS。
软件开发平台：KEIL5.0。
MCU 芯片选用：STM32F103R6。
数码管仿真模块：百位、十位、个位数码管仿真模块的段码分别连接到 PC0 ~ PC7，百位数码管的公共端连接到 PB0 端子，十位数码管的公共端连接到 PB1 端子，个位数码管的公共端连接到 PB2 端子。
外部中断端口 KEY0：KEY0 连接到 PA2 端口，端口 PA2 通过电阻被上拉到正电源，呈高电平状态，当按键被按下时则端口 PA2 被拉至低电平。
外部中断端口 KEY1：KEY1 连接到 PB6 端口，端口 PB6 通过电阻被上拉到正电源，呈高电平状态，当按键被按下时则端口 PB6 被拉至低电平。

具体要求：

任务运行后，键数码管显示000，按下 KEY0 按键则数码管开始每隔 1 ms（仿真时间）快速加1，加到 999 之后又变为 0；再次按下 KEY0 按键则数码管保持当前显示值不变。每次按下按键 KEY0 都可以切换数码管变化和停止。按下 KEY1 按键则数码管显示值清零。

任务实施

（1）电路设计

在仿真电路设计界面进入 "Pick Devices" 对话框，依次添加 STM32F103R6、BUTTON、RES、7SEG - MPX1 - CC 等元件，随后将这些元件调入仿真绘图区，并调出 POWER、GROUND 端子，按图 5 - 27 所示完成电路连线实现项目的仿真图设计，3 位数码管公共端上的标号分别为 COM1、COM2、COM3，在 STM32 芯片的 PB0、PB1、PB2 端子上标号也分别为 COM1、COM2、COM3。

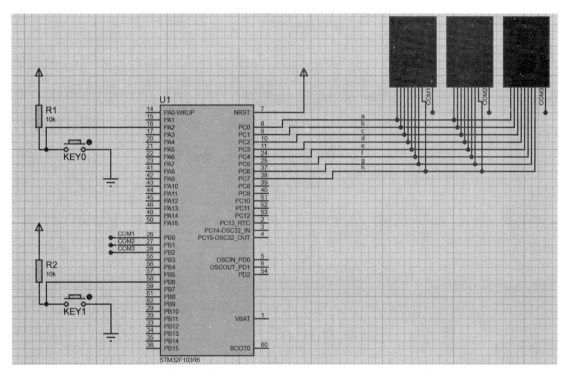

图 5 - 27

（2）软件编程

本任务是在任务三（动态数码管显示设计）的基础上修改实现的，利用鼠标左键双击左侧项目导航区的 main. c 文件，在软件的中间区域将出现 main. c 源文件的具体内容，如图 5 - 28 所示，在 main. c 源文件内可见主函数 main(void)，主函数 main 是程序的入口函数，代码从这个函数开始往下执行。在 main(void)函数内包含了 dsp_Init() 初始化函数、TIM3_Int_Init(9,7199) 以及 EXTIX_Init() 初始化函数。其中 dsp_Init() 初始化函数用于配置 STM32F103R6 芯片连接到数码管的端口 PC0～PC7 以及 3 个数码管的公共端 COM1、COM2、COM3，TIM3_Int_Init(9,7199) 函数及 EXTIX_Init() 初始化函数用于配置 STM32F103R6 芯片连接到 BUTTON 按键的端口 PA2，PB6 为外部中断端口。在 while(1)循环体内部则是动态扫描 3 位数码管的程序代码。

```
#include "sys.h"
#include "dsp.h"
#include "timer.h"
#include "exti.h"
u16  m=0;
u8   n=0;
  void delay( u32 dy  )              //延时函数初始化
  {

        while(dy)
        {

          dy--;
        }

  }
int main(void)
{
  dsp_Init();
  TIM3_Int_Init(9,7199);
  TIM_Cmd(TIM3, DISABLE);
  EXTIX_Init();
  while(1)
    {
        COM1=0;COM2=1; COM3=1;dsp(m/100);        delay(20000);
        COM1=1; COM2=0;COM3=1;dsp(m%100/10);     delay(20000);
        COM1=1; COM2=1;COM3=0;dsp(m%10);         delay(20000);
    }
}
```

图 5 − 28

在 main. c 源文件的顶部定义了一个 u16 类型的变量 m，其初始化为 0。在 while(1)循环内有 3 行代码，第一行 COM1 = 0；COM2 = 1；COM3 = 1；dsp(m/100)；delay(20000)；这条代码中 COM1 = 0；COM2 = 1；COM3 = 1；将使得仿真图 5 − 27 中最左边数码管被选通，其余两个数码管被屏蔽，随后利用代码 dsp(m/100)将变量 m 百位上的数据提取出作为参数被函数 dsp 调用，让数码管显示变量 m 的百位数字，随后再调用延时函数 delay(20000)令此状态保持一段时间。

第二行 COM1 = 1；COM2 = 0；COM3 = 1；dsp(m%100/10)；delay(20000)；这条代码中 COM1 = 1；COM2 = 0；COM3 = 1；将使得仿真图 5 − 27 中间数码管被选通，其余两个数码管被屏蔽，随后利用代码 dsp(m%100/10)将变量 m 十位上的数据提取出作为参数被函数 dsp 调用，让数码管显示变量 m 的十位数字，随后再调用延时函数 delay(20000)令此状态保持一段时间。

第三行 COM1 = 1；COM2 = 1；COM3 = 0；dsp(m%10)；delay(20000)；这条代码中 COM1 = 1；COM2 = 1；COM3 = 0；将使得仿真图 5 − 27 最右边数码管被选通，其余两个数码管被屏蔽，随后利用代码 dsp(m%10)将变量 m 个位上的数据提取出作为参数被函数 dsp 调用，让数码管显示变量 m 的个位数字，随后再调用延时函数 delay(20000)令此状态保持一段时间。

通过这 3 行代码即可实现将变量 m 显示在 3 位数码管上，在任务三中数码管显示的变量 m 为 2 位，因而将变量 m 定义为 u8 类型（取值范围为 0 ~ 255），本任务中数码管要显示 3 位，因而需将变量 m 定义为 u16 类型（取值范围为 0 ~ 65 535）。

在主函数中调用定时器初始化函数 TIM3_Int_Init(9,7199) 将使得定时器 3 的定时时间为 1 ms，随后调用 TIM_Cmd(TIM3,DISABLE) 函数将使得定时器初始化为关闭状态。定时器的中断处理函数 TIM3_IRQHandler(void) 内的代码如图 5 – 29 所示，每次定时时间到则令变量 m 执行加 1 的操作，加到 1 000 之后又重新为 0。变量 m 在定时器 timer.c 文件中被使用时需要在文件中添加代码 extern　u16　m; 对 m 进行引用。

```
void TIM3_IRQHandler(void)
{
  if (TIM_GetITStatus(TIM3, TIM_IT_Update) != RESET)
    {
    TIM_ClearITPendingBit(TIM3, TIM_IT_Update  );

      m=m+1;
      if(1000==m) m=0;

    }
}
```

图 5 – 29

在主函数中定义了 u8 类型的变量 n 以及 u16 类型的变量 m，在外部中断 exti.c 文件中通过代码 extern　u8　n; extern　u16　m; 对变量 m、n 进行引用，本任务外部中断的初始化函数与任务二一样，均是将端口 PA2 和 PB6 配置为外部中断模式，当 PA2 端口出现下降沿时，将进入中断处理函数 EXTI2_IRQHandler(void)；当 PB6 端口出现下降沿时，将进入中断处理函数 EXTI9_5_IRQHandler(void)。在 EXTI2_IRQHandler(void) 中断处理函数内利用代码 n = !n 令变量 n 取反，这种取反运算符操作下如果变量 n 为 0，则取反后为 1；如果变量 n 为 1，则取反后为 0。随后通过 if 语句判断 n，如果为 0，则将定时器 3 停止；否则打开定时器 3 令其正常工作。EXTI2_IRQHandler(void) 中断处理函数内部的代码如图 5 – 30 所示。

```
void EXTI2_IRQHandler(void)
{
    n=!n;
    if(0==n) TIM_Cmd(TIM3, DISABLE);
    else TIM_Cmd(TIM3, ENABLE);

  EXTI_ClearITPendingBit(EXTI_Line2);
}
```

图 5 – 30

当 PB6 端口出现下降沿时，将进入中断处理函数 EXTI9_5_IRQHandler(void)。在 EXTI9_5_IRQHandler(void) 中断处理函数内利用代码 m = 0 令变量 m 为 0，从而实现显示变量 m 的清零操作。中断处理函数 EXTI9_5_IRQHandler(void) 内部的代码如图 5 – 31 所示。

```
void EXTI9_5_IRQHandler(void)
{
    m=0;

  EXTI_ClearITPendingBit(EXTI_Line6);
}
```

图 5 – 31

在工程目录下的"HARDWARE"文件夹的"EXTI"子文件夹下建立有 exti.c 和 exti.h 两个文件。"HARDWARE"文件夹的"DSP"子文件夹内有 dsp.c 和 dsp.h 两个文件。

"HARDWARE"文件夹的"TIMER"子文件夹内有 timer. c 和 timer. h 两个文件。

"exti. h"头文件内的代码如下:

```
#ifndef __EXTI_H
#define __EXIT_H
#include "sys.h"
void EXTIX_Init(void);
#endif
```

"exti. c"源文件内的代码如下:

```
#include "exti.h"
extern u16  m;
extern u8   n;
void EXTIX_Init(void)
{
    EXTI_InitTypeDef EXTI_InitStructure;
    NVIC_InitTypeDef NVIC_InitStructure;

    RCC_APB2PeriphClockCmd(RCC_APB2Periph_AFIO,ENABLE);

    GPIO_EXTILineConfig(GPIO_PortSourceGPIOA,GPIO_PinSource2);
    EXTI_InitStructure.EXTI_Line = EXTI_Line2;
    EXTI_InitStructure.EXTI_Mode = EXTI_Mode_Interrupt;
    EXTI_InitStructure.EXTI_Trigger = EXTI_Trigger_Falling;
    EXTI_InitStructure.EXTI_LineCmd = ENABLE;
    EXTI_Init(&EXTI_InitStructure);

    GPIO_EXTILineConfig(GPIO_PortSourceGPIOB,GPIO_PinSource6);
    EXTI_InitStructure.EXTI_Line = EXTI_Line6;
    EXTI_InitStructure.EXTI_Mode = EXTI_Mode_Interrupt;
    EXTI_InitStructure.EXTI_Trigger = EXTI_Trigger_Falling;
    EXTI_InitStructure.EXTI_LineCmd = ENABLE;
    EXTI_Init(&EXTI_InitStructure);

    NVIC_InitStructure.NVIC_IRQChannel = EXTI2_IRQn;
    NVIC_InitStructure.NVIC_IRQChannelPreemptionPriority = 0x02;
    NVIC_InitStructure.NVIC_IRQChannelSubPriority = 0x02;
    NVIC_InitStructure.NVIC_IRQChannelCmd = ENABLE;
    NVIC_Init(&NVIC_InitStructure);

    NVIC_InitStructure.NVIC_IRQChannel = EXTI9_5_IRQn;
    NVIC_InitStructure.NVIC_IRQChannelPreemptionPriority = 0x02;
    NVIC_InitStructure.NVIC_IRQChannelSubPriority = 0x02;
    NVIC_InitStructure.NVIC_IRQChannelCmd = ENABLE;
    NVIC_Init(&NVIC_InitStructure);
}

void EXTI2_IRQHandler(void)
{
    n = ! n;
    if(0 ==n) TIM_Cmd(TIM3, DISABLE);
```

```
    else TIM_Cmd( TIM3 , ENABLE);
    EXTI_ClearITPendingBit( EXTI_Line2 );
}
void EXTI9_5_IRQHandler(void)
{
    m = 0;
    EXTI_ClearITPendingBit( EXTI_Line6 );
}
```

"dsp. h" 头文件内的代码如下：

```
#ifndef __DSP_H
#define __DSP_H
#include "sys.h"
#define D0 PCout(0)
#define D1 PCout(1)
#define D2 PCout(2)
#define D3 PCout(3)
#define D4 PCout(4)
#define D5 PCout(5)
#define D6 PCout(6)
#define D7 PCout(7)
#define COM1 PBout(0)
#define COM2 PBout(1)
#define COM3 PBout(2)

void dsp_Init(void);
void dsp( u8 m);
#endif
```

"dsp. c" 源文件内的代码如下：

```
#include "dsp.h"
void dsp_Init(void)
{
 GPIO_InitTypeDef  GPIO_InitStructure;
 RCC_APB2 PeriphClockCmd( RCC_APB2 Periph_GPIOC | RCC_APB2 Periph_GPIOB, ENABLE);
 GPIO_InitStructure.GPIO_Pin = GPIO_Pin_All;
 GPIO_InitStructure.GPIO_Mode = GPIO_Mode_Out_PP;
 GPIO_InitStructure.GPIO_Speed = GPIO_Speed_50MHz;
 GPIO_Init( GPIOC, &GPIO_InitStructure);
 GPIO_SetBits(GPIOC,GPIO_Pin_All);

 GPIO_InitStructure.GPIO_Pin = GPIO_Pin_0;
 GPIO_InitStructure.GPIO_Mode = GPIO_Mode_Out_PP;
 GPIO_InitStructure.GPIO_Speed = GPIO_Speed_50MHz;
 GPIO_Init( GPIOB, &GPIO_InitStructure);
 GPIO_SetBits(GPIOB,GPIO_Pin_0);

 GPIO_InitStructure.GPIO_Pin = GPIO_Pin_1;
 GPIO_InitStructure.GPIO_Mode = GPIO_Mode_Out_PP;
 GPIO_InitStructure.GPIO_Speed = GPIO_Speed_50MHz;
 GPIO_Init( GPIOB, &GPIO_InitStructure);
```

```
 GPIO_SetBits(GPIOB,GPIO_Pin_1);
 GPIO_InitStructure.GPIO_Pin = GPIO_Pin_2;
 GPIO_InitStructure.GPIO_Mode = GPIO_Mode_Out_PP;
 GPIO_InitStructure.GPIO_Speed = GPIO_Speed_50MHz;
 GPIO_Init(GPIOB, &GPIO_InitStructure);
 GPIO_SetBits(GPIOB,GPIO_Pin_2);
}
void dsp(u8 m)
{
    switch(m)
    {
        case(0): D0 =1;D1 =1;D2 =1;D3 =1;D4 =1;D5 =1;D6 =0;D7 =0;break;
        case(1): D0 =0;D1 =1;D2 =1;D3 =0;D4 =0;D5 =0;D6 =0;D7 =0;break;
        case(2): D0 =1;D1 =1;D2 =0;D3 =1;D4 =1;D5 =0;D6 =1;D7 =0;break;
        case(3): D0 =1;D1 =1;D2 =1;D3 =1;D4 =0;D5 =0;D6 =1;D7 =0;break;
        case(4): D0 =0;D1 =1;D2 =1;D3 =0;D4 =0;D5 =1;D6 =1;D7 =0;break;
        case(5): D0 =1;D1 =0;D2 =1;D3 =1;D4 =0;D5 =1;D6 =1;D7 =0;break;
        case(6): D0 =1;D1 =0;D2 =1;D3 =1;D4 =1;D5 =1;D6 =1;D7 =0;break;
        case(7): D0 =1;D1 =1;D2 =1;D3 =0;D4 =0;D5 =0;D6 =0;D7 =0;break;
        case(8): D0 =1;D1 =1;D2 =1;D3 =1;D4 =1;D5 =1;D6 =1;D7 =0;break;
        case(9): D0 =1;D1 =1;D2 =1;D3 =1;D4 =0;D5 =1;D6 =1;D7 =0;break;
    }
}
```

"timer. h"头文件内的代码如下：

```
#ifndef __TIMER_H
#define __TIMER_H
#include "sys.h"
void TIM3_Int_Init(u16 arr,u16 psc);
#endif
```

"timer. c"源文件内的代码如下：

```
#include "timer.h"
externu16 m =0;
void TIM3_Int_Init(u16 arr,u16 psc)
{
    TIM_TimeBaseInitTypeDef  TIM_TimeBaseStructure;
    NVIC_InitTypeDef NVIC_InitStructure;
    RCC_APB1PeriphClockCmd(RCC_APB1Periph_TIM3, ENABLE);
    TIM_TimeBaseStructure.TIM_Prescaler =psc;
    TIM_TimeBaseStructure.TIM_Period = arr;
    TIM_TimeBaseStructure.TIM_CounterMode = TIM_CounterMode_Up;
    TIM_TimeBaseInit(TIM3, &TIM_TimeBaseStructure);
    TIM_ITConfig(TIM3,TIM_IT_Update,ENABLE);
    NVIC_InitStructure.NVIC_IRQChannel = TIM3_IRQn;
    NVIC_InitStructure.NVIC_IRQChannelPreemptionPriority = 0;
    NVIC_InitStructure.NVIC_IRQChannelSubPriority = 3;
    NVIC_InitStructure.NVIC_IRQChannelCmd = ENABLE;
    NVIC_Init(&NVIC_InitStructure);
    TIM_Cmd(TIM3, ENABLE);
```

```
}
void TIM3_IRQHandler( void)
{
if (TIM_GetITStatus(TIM3 , TIM_IT_Update) ! = RESET)
        {
            TIM_ClearITPendingBit(TIM3 , TIM_IT_Update   );
             m = m + 1;
             if(1000 = = m) m = 0;
        }
}
```

"main. c" 源文件内的代码如下:

```
#include "sys.h"
#include "dsp.h"
#include "timer.h"
#include "exti.h"
u16   m = 0;
u8   n = 0;
   void delay( u32 dy   )
   {
       while(dy)
           {
               dy - - ;
           }
   }
int main(void)
{
    dsp_Init();
    TIM3_Int_Init(9,7199);
    TIM_Cmd(TIM3 , DISABLE);
    EXTIX_Init();
      while(1)
      {
      COM1 = 0;COM2 = 1; COM3 = 1;dsp(m/100);   delay(20000);
      COM1 = 1; COM2 = 0;COM3 = 1;dsp(m% 100 /10); delay(20000);
      COM1 = 1; COM2 = 1;COM3 = 0;dsp(m% 10);    delay(20000);
      }
}
```

（3）效果验证

在仿真图形中，鼠标左键双击 STM32 芯片，即弹出图 5 – 32 所示界面，此时鼠标左键单击"文件夹"按钮，找到工程文件夹下 OBJ 子文件夹内编译生成的后缀名为 Hex 的文件，鼠标左键单击右上角的"OK"按钮，即完成了程序的装载。

键控三位数码管任务仿真开始运行时，数码管显示 000，如图 5 – 33 所示，按下 KEY0 按键则数码管开始快速加 1，如图 5 – 34 所示，加到 999 之后又变为 0；再次按下 KEY0 按键则数码管保持当前显示值不变。每次按下按键 KEY0 都可以切换数码管变化和停止。按下 KEY1 按键则数码管显示值清零，回到图 5 – 33 所示的状态。

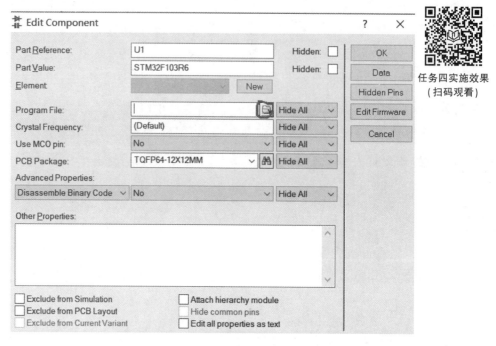

任务四实施效果
（扫码观看）

图 5 – 32

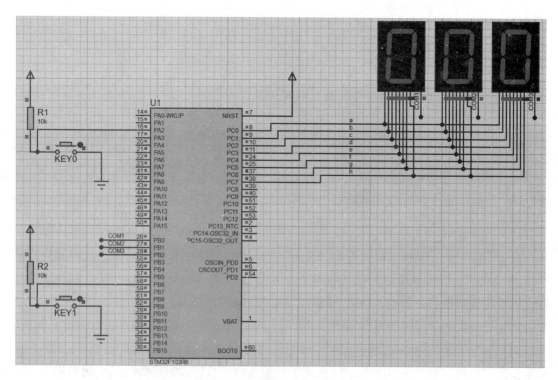

图 5 – 33

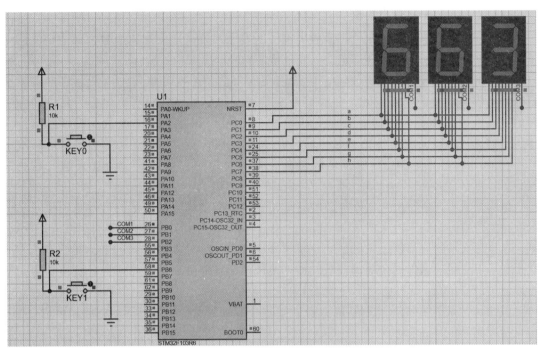

图 5 – 34

项目延伸知识点

1.1　数据类型介绍

在 STM32 编程中，常用的数据类型有：u8，u16，u32，但是在一些计算中，涉及负数、小数，因此要用到 int、float、double 型。

其中 u8——1 个字节，无符号型，数据范围为 0~255；

u16——2 个字节，无符号型，数据范围为 0~65 535；

u32——4 个字节，无符号型，数据范围为 0~4 294 967 295；

int——4 个字节，有符号型，可以表达负整数，数据范围为 – 2 147 483 648 ~ 2 147 483 647；

float——4 个字节，有符号型，可以表达负数/小数；

double——8 个字节，有符号型，可以表达负数/小数；

float 和 double 的范围是由指数的位数来决定的，float 的指数位有 8 位，而 double 的指数位有 11 位，分布如下：

float：1 bit（符号位），8 bits（指数位），23 bits（尾数位）；

double：1 bit（符号位），11 bits（指数位），52 bits（尾数位）。

注意：float 的指数范围为 – 127~128，而 double 的指数范围为 – 1 023 ~ + 1 024。

float 的范围为 $-2^{128} \sim +2^{128}$，也即 – 3.40E + 38 ~ + 3.40E + 38；

double 的范围为 $-2^{1\,024} \sim +2^{1\,024}$，也即 – 1.79E + 308 ~ + 1.79E + 308。

1.2　全局变量与局部变量

C 语言在两个地方定义变量：函数内部、所有函数外部。其中在函数内部中定义的变量是局部变量，在所有函数外部定义的变量是全局变量。

局部变量：对于在函数的形参、内部声明的变量及结构变量等，编译器将在函数执行时为形参自动分配存储空间，在执行到变量和结构变量等的声明语句时为其自动分配存储空间，因此称其为自动变量（automatic variable），也称为局部变量，在函数执行完毕返回时，这些变量将被撤销，对应的内存空间将被释放。自动变量的生存期只局限于它所在的代码块。所谓代码块，是包含在花括号对中的一段代码，函数只是代码块的一种。

全局变量：在所有函数之外定义的变量叫作全局变量。全局变量的有效范围从定义全局变量的位置开始到本源文件结束。若在全局变量定义之外的源文件想要引用该全局变量，则应在该源文件的顶部使用关键字 extern 作外部变量声明。如果在同一个源文件中，外部变量和局部变量同名，则在局部变量的作用范围内，外部变量不起作用，要引用外部变量可以通过域作用符::。

假如 a. c 源文件中有个变量 int x = 2；要想在 b. c 源文件中用到 a. c 中的 x 可以在 b. c 中直接声明 extern int x。

1.3　定时器启动与停止

在 stm32 中定时器 3 的启动与停止是通过 TIM_Cmd(TIM3, ENABLE)；与 TIM_Cmd(TIM3, DISABLE)；实现的。其他定时器的启动停止也类似，TIM_Cmd(TIM3, ENABLE) 与 TIM_Cmd(TIM3, DISABLE) 的函数使用介绍如图 5 – 35 所示。

Table 479. 函数 TIM_Cmd

函数名	TIM_Cmd
函数原形	void TIM_Cmd(TIM_TypeDef* TIMx, FunctionalState NewState)
功能描述	使能或者失能 TIMx 外设
输入参数 1	TIMx: x 可以是 2，3 或者 4，来选择 TIM 外设
输入参数 2	NewState: 外设 TIMx 的新状态 这个参数可以取：ENABLE 或者 DISABLE
输出参数	无
返回值	无
先决条件	无
被调用函数	无

图 5 – 35

拓展任务训练

1.1　加法器设计

（1）任务目标

①掌握 PROTEUS 软件的加法器仿真图设计方法。

②掌握 KEIL 软件的设计开发流程。

③掌握加法器程序设计方法。

（2）任务概述

设计一个加法器电路，可通过按键设置加数和被加数的值，并计算出它们的和。

项目运行平台：PROTEUS。

软件开发平台：KEIL5.0。

MCU 芯片选用：STM32F103R6。

KEY0 端口：PA1，外部中断实现；KEY1 端口：PA2，外部中断实现。

KEY2 端口：PA4，外部中断实现；KEY3 端口：PA5，外部中断实现。

KEY4 端口：PA6，外部中断实现。

数码管仿真模块：加数、被加数均为 1 位，和为 2 位，加数、被加数及和的数码管仿真模块的段码分别连接到 PC0 ~ PC7，加数的公共端连接到 PB0 端子，被加数的公共端连接到 PB1 端子，和的公共端连接到 PB2、PB3 端子。

（3）任务要求

①初始时刻指示灯所有数码管均显示 0。

②1 位数码管（加数）设置：按下 KEY0 则数码管（加数）加 1，按下 KEY1 则数码管（加数）减 1，数码管（加数）显示在 0 ~ 9 之间变化。

③1 位数码管（被加数）设置：按下 KEY2 则数码管（被加数）加 1，按下 KEY3 则数码管（被加数）减 1，数码管（被加数）显示在 0 ~ 9 之间变化。

④加法运算：按下 KEY4 则 2 位数码管（和数）显示结果。

（4）任务实施

对项目进行电路仿真图纸设计及软件程序编制，编译无误后可在 PROTEUS 仿真平台上进行仿真。仿真实现项目功能后，可以下载到嵌入式硬件平台上，用 5 个独立按键来控制 4 个数码管实现项目效果。

（5）加法器设计技能考核

学号		姓名		小组成员	
安全评价	违反用电安全规定 总评成绩计 0 分	总评成绩			
素质目标	1. 职业素养：遵守工作时间，使用实践设备时注意用电安全。 2. 团结协作：小组成员具有协作精神和团队意识。 3. 劳动素养：具有劳动意识，实践结束后，能整理清洁好工作台面，为其他同学实践创造良好的环境			学生自评 （2分）	
				小组互评 （2分）	
				教师考评 （6分）	
				素质总评 （10分）	

		学生自评 （10分）	
知识 目标	1. 掌握 PROTEUS 软件的使用。 2. 掌握 KEIL5.0 设计开发流程。 3. 掌握 C 语言输入方法。 4. 掌握加法器设计思路	教师考评 （20分）	
		知识总评 （30分）	
能力 目标	1. 能设计加法器电路。 2. 能实现项目的功能要求。 3. 能就任务的关键知识点完成互动答辩	学生自评 （10分）	
		小组互评 （10分）	
		教师考评 （40分）	
		能力总评 （60分）	

1.2 减法器设计

（1）任务目标

①掌握 PROTEUS 软件的减法器仿真图设计方法。

②掌握 KEIL 软件的设计开发流程。

③掌握减法器程序设计方法。

（2）任务概述

设计一个减法器电路，可通过按键设置被减数和减数的值，并计算出它们的差。

项目运行平台：PROTEUS。

软件开发平台：KEIL5.0。

MCU 芯片选用：STM32F103R6。

KEY0 端口：PC5，外部中断实现；KEY1 端口：PC6，外部中断实现。

KEY2 端口：PC7，外部中断实现；KEY3 端口：PC11，外部中断实现。

KEY4 端口：PC14，外部中断实现。

数码管仿真模块：被减数、减数均为 2 位，差也为 2 位，被减数、减数及差的数码管仿真模块的段码分别连接到 PB0 ~ PB7，被减数的 2 个公共端连接到 PA0/PA1 端子，减数的两个公共端连接到 PA2/PA3 端子，差的 2 个公共端连接到 PA3、PA4 端子。

（3）任务要求

①初始时刻指示灯所有数码管均显示 0。

②2 位数码管（被减数）设置：按下 KEY0 则数码管（被减数）加 1，按下 KEY1 则数码管（被减数）减 1，数码管（被减数）显示在 00 ~ 99 之间变化。

③2 位数码管（减数）设置：按下 KEY2 则数码管（减数）加 1，按下 KEY3 则数码管（减数）减 1，数码管（减数）显示在 00 ~ 99 之间变化。

④减法运算：按下 KEY4 则 2 位数码管（差）显示结果。

⑤如果被减数大于等于减数，则正常显示差；如果被减数小于减数则显示 HH。

（4）任务实施

对项目进行电路仿真图纸设计及软件程序编制，编译无误后可在 PROTEUS 仿真平台上进行仿真。仿真实现项目功能后，可以下载到嵌入式硬件平台上，用 5 个独立按键来控制 4个数码管实现项目效果。

（5）减法器设计技能考核

学号		姓名		小组成员	
安全评价	违反用电安全规定 总评成绩计 0 分		总评成绩		
素质目标	1. 职业素养：遵守工作时间，使用实践设备时注意用电安全。 2. 团结协作：小组成员具有协作精神和团队意识。 3. 劳动素养：具有劳动意识，实践结束后，能整理清洁好工作台面，为其他同学实践创造良好的环境		学生自评 （2 分）		
			小组互评 （2 分）		
			教师考评 （6 分）		
			素质总评 （10 分）		
知识目标	1. 掌握 PROTEUS 软件的使用。 2. 掌握 KEIL5.0 设计开发流程。 3. 掌握 C 语言输入方法。 4. 掌握减法器设计思路		学生自评 （10 分）		
			教师考评 （20 分）		
			知识总评 （30 分）		
能力目标	1. 能设计减法器电路。 2. 能实现项目的功能要求。 3. 能就任务的关键知识点完成互动答辩		学生自评 （10 分）		
			小组互评 （10 分）		
			教师考评 （40 分）		
			能力总评 （60 分）		

思考与练习

1. 简述静态数码管的基本原理以及通过 STM32 芯片驱动静态数码管显示数据的方法。
2. 简述什么是应用在多位数码管显示中的动态扫描技术。

3. 实现一个 0 ~ 9999 的数据显示，这个数据变量应该定义为哪种数据类型？为什么？如何通过代码实现 4 位数据变量的千位、百位、十位及个位的提取？

4. 仿真编程实现如下项目：配置一个按键 KEY0 在 PA2 端口，一个按键 KEY1 在 PB6 端口，一个按键 KEY2 在 PB7 端口，一个按键 KEY3 在 PB10 端口，按键 KEY0、KEY1、KEY2、KEY3 均设置为外部中断模式，下降沿触发。3 位数码管内发光二极管的阳极分别连接到 PC0 ~ PC7，3 位数码管的公共端分别连接到 PB0、PB1、PB2；项目设计效果如下：

（1）初始时刻指示灯数码管显示 000；

（2）按下 KEY0：数码管的百位加 1；

（3）按下 KEY1：数码管的十位加 1；

（4）按下 KEY2：数码管的个位加 1；

（5）按下 KEY3：KEY0、KEY1、KEY2 的功能反向，也即每次按下 KEY3 键，KEY0、KEY1、KEY2 按键就由增改为减（或由减改为增），数码管增加最多到 999 则不变，数码管减少到 0 则不改变。

项目六

设计串口

项目背景

高端智能化工业设备主要通过串口进行数据的相互传输，通过本项目的学习可掌握串口通信的概念、原理及编程技巧，有助于进一步深入学习现代化产业体系下的嵌入式开发技术。

项目目标

1. 掌握 PROTEUS 软件绘制串口仿真电路图的设计方法。
2. 掌握 USART 串口的概念和原理。
3. 掌握 USART 串口与上位机通信的程序设计方法。
4. 掌握 USART 串口集成数码显示的程序设计方法。

职业素养

崇尚科学，追求真理，赤诚爱国，奋发成才。

任务一 串口传输设计

任务目标

①掌握 PROTEUS 软件的串口仿真图设计方法。
②掌握 USART 串口的库函数特点。
③掌握 USART 串口向上位机发送数据的程序设计方法。

任务描述

设计一个串口仿真项目，下位机可以将数据通过串口发送到上位机进行显示。
项目运行平台：PROTEUS。
软件开发平台：KEIL5.0。

MCU 芯片选用：STM32F103R6。

仿真模块：COMPIM。

串口收发端口：STM32 的 PA9 端口连接到 COMPIM 的 TXD 端口，STM32 的 PA10 端口
连接到 COMPIM 的 RXD 端口。

上位机：串口调试助手。

具体要求：

任务运行后，上位机串口调试助手接收区域可显示下位机 STM32 芯片发送过来的数据，
数据显示的内容是为 x:0 y:0。

任务实施

（1）电路设计

1）新建工程

打开 Proteus 软件，进入软件工程界面，如图 6 - 1 所示。

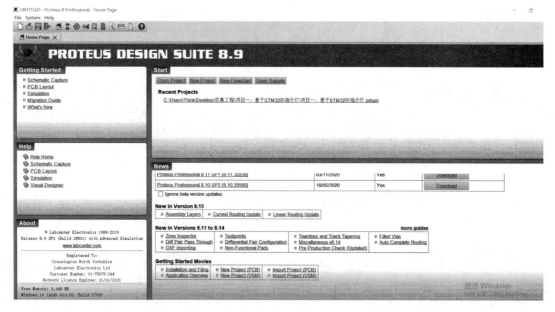

图 6 - 1

随后鼠标左键单击标题栏中最左侧的"File"选项，在弹出子菜单后再次鼠标左键单击
"New Project"选项，进入图 6 - 2 所示界面，在图 6 - 2 中的标记 1 处选择本项目所放置的
文件夹，在标记 2 处修改项目名称，修改后如图 6 - 3 所示。

鼠标左键单击"Next"按钮进入原理图设计对话框，如图 6 - 4 所示，选择图纸尺寸为
A4，再次鼠标左键单击"Next"按钮出现"PCB Layout"对话框，保持默认值令鼠标左键
单击"Next"按钮，进入"Firmware"对话框，如图 6 - 5 所示。

在"Firmware"对话框下直接鼠标左键单击"Next"按钮出现"Summary"对话框（见
图 6 - 6），此时再次鼠标左键单击"Finish"按钮即完成了项目工程的建立，进入仿真电路
设计界面，如图 6 - 7 所示。

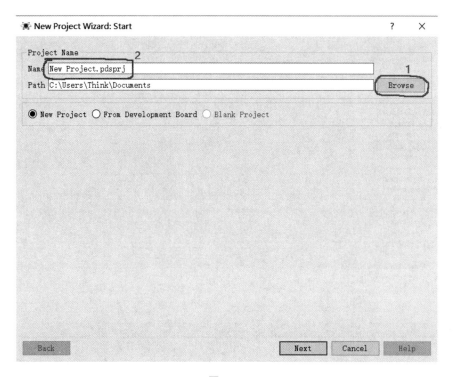

图 6 – 2

图 6 – 3

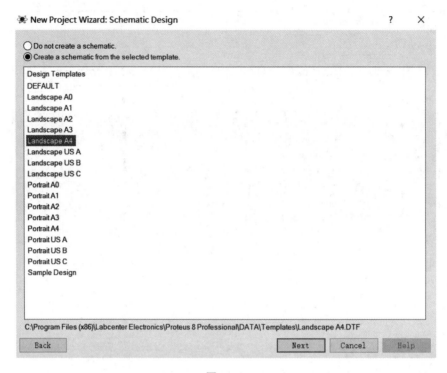

图 6 - 4

图 6 - 5

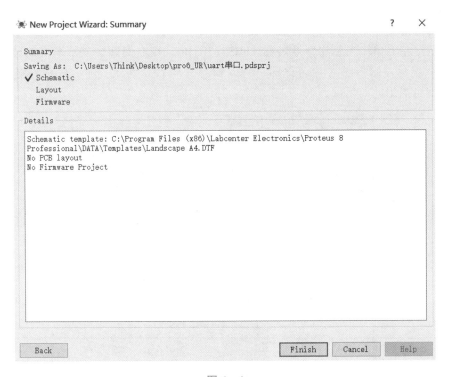

图 6 - 6

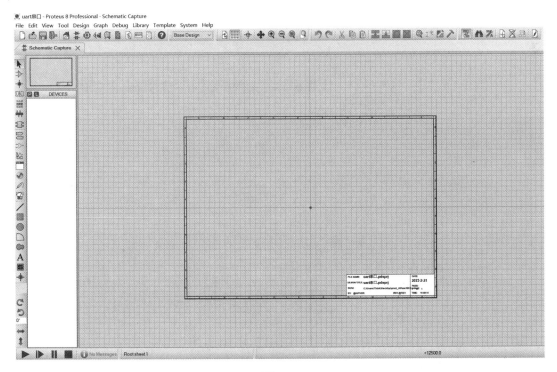

图 6 - 7

2）元件布局

在仿真电路设计界面下鼠标左键单击图 6 - 8 中的图标 P，弹出"Pick Devices"对话框，在对话框左上角输入芯片型号名称 STM32F103R6，在右侧即会显示对应的芯片，如图 6 - 9 所示，鼠标左键双击芯片名称即可将此款芯片调入元件库，随后鼠标左键单击"确定"按钮即可退出此对话框。

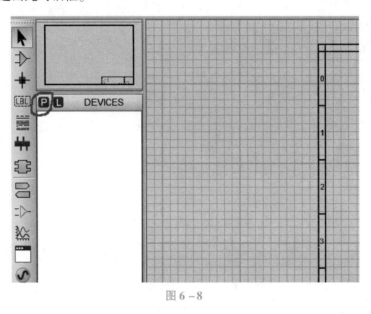

图 6 - 8

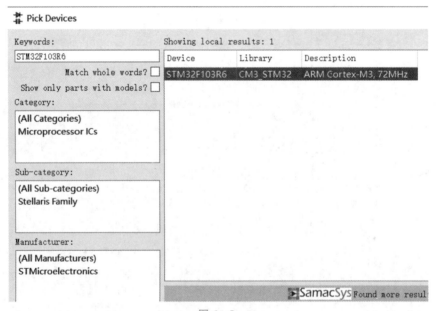

图 6 - 9

在仿真电路设计界面下的左侧元件库中可见名称为 STM32F103R6 的元件，单击鼠标左键将其移到绘图区后再次单击鼠标左键，即可调出此仿真芯片，鼠标随后移动到合适区域单击左键即完成了此芯片的放置，如图 6 - 10 所示。

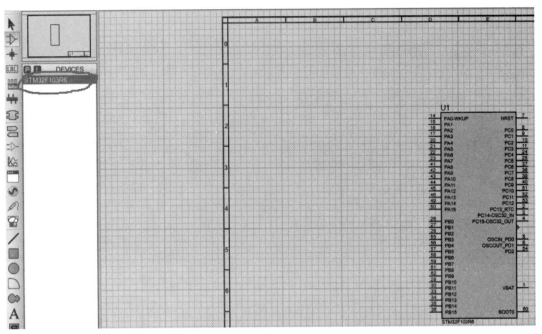

图 6 - 10

按照上述方法将名称为 COMPIM 的串口仿真模块调入元件库，将它们布局到仿真电路中，如图 6 - 11 所示。

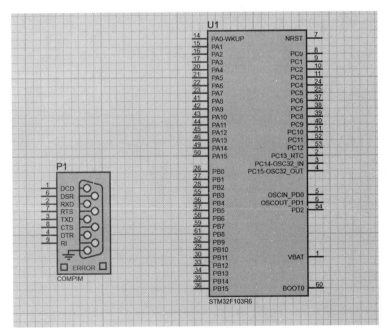

图 6 - 11

将鼠标放置在仿真电路设计界面最左侧的一列图标中的 Terminals Mode 上后单击左键，即在其右侧相邻的列表中出现 POWER、GROUND 等端子名称，如图 6 - 12 所示，选中

POWER 单击鼠标左键后将鼠标移动到仿真设计界面，在芯片的右上方单击鼠标左键可放置另一个电源端子，如图 6 – 13 所示。

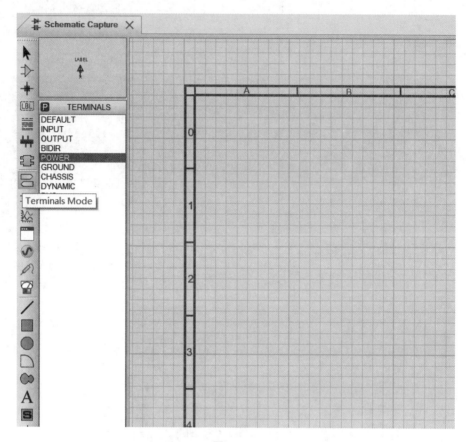

图 6 – 12

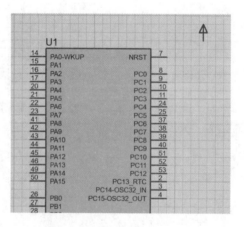

图 6 – 13

完成了电路元件布局后，将鼠标放置在元件的端子上单击左键，即可引出电气导线。完成导线连接后见图 6 – 14。

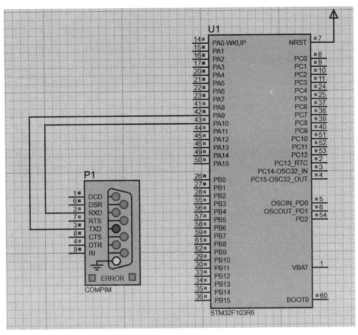

图 6 – 14

在完成了电路连接之后，还需对仿真环境进行设置。

3）在电脑上配置虚拟串口

将 VSPD 虚拟串口软件在电脑上安装完成，随后打开软件界面，如图 6 – 15 所示，鼠标左键单击图中所示的"Add pair"按钮即可添加一对名为 COM1/COM2 的虚拟串口，如图 6 – 16 所示，进入电脑的设备管理器，在其中也可见到刚配置完成的虚拟串口，如图 6 – 17 所示。

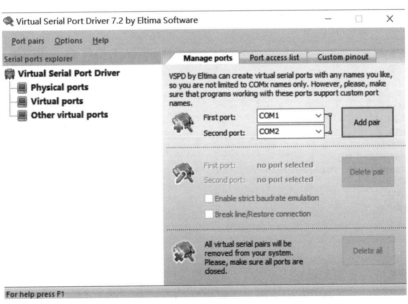

图 6 – 15

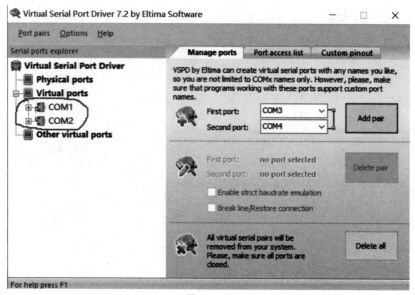

图 6 – 16

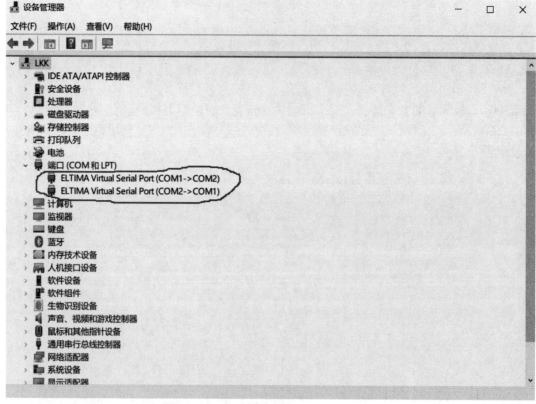

图 6 – 17

4）COMPIM 仿真模型设置

在仿真图上双击 COMPIM 仿真模型，弹出它的设置框，将端口设置为"COM1"，将波特率设置为"9600"，完成设置后如图 6 – 18 所示。

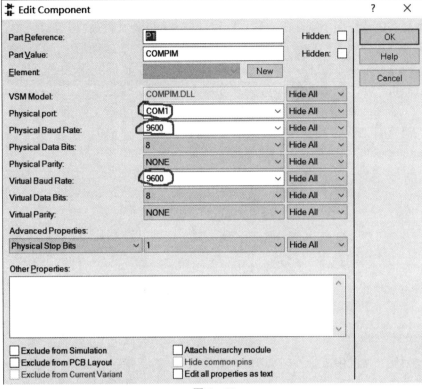

图 6 - 18

5）上位机软件设置

打开串口调试助手软件 SSCOM3.3，在软件界面的左上角将串口号设置为"COM2"，波特率设置为"9600"，如图 6 - 19 所示，至此即完成了项目的仿真环境配置。

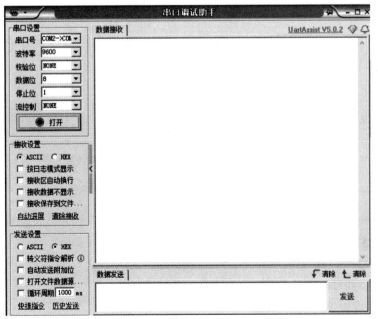

图 6 - 19

（2）软件编程

任务一软件例程
（扫码下载）

扫描本页右侧二维码下载任务一软件例程，进入 USER 文件夹打开项目工程，利用鼠标左键双击左侧项目导航区的 main.c 文件，在软件的中间区域将出现 main.c 源文件的具体内容，如图 6 - 20 所示，在 main.c 源文件内可见主函数 main(void)，主函数 main 是程序的入口函数，代码从这个函数开始往下执行。在 main(void) 函数内包含了 uart_init1(9600) 初始化函数，用于配置 STM32F103R6 芯片连接到 COMPIM 仿真模型的端口 PA9 与 PA10。在 while(1) 循环体内部则调用了 printf 函数将数据通过串口发送出去。

```c
#include "sys.h"
#include "usart.h"

u8  x,y;

int main(void)
{
  uart_init1(9600);
  while(1)
  {
    printf("x:%d y:%d\r\n",x,y);
  }
}
```

图 6 - 20

在左侧项目导航区用鼠标左键点开 HARDWARE 文件夹下的 usart.c 文件左侧的 + 号，将会展开多个文件，随后鼠标左键双击 usart.h 文件，在中间区域将出现 usart.h 头文件的具体内容，如图 6 - 21 所示，在 usart.h 头文件中利用代码 void uart_init1(u32 bound) 对串口初始化函数进行了声明，这个初始化函数的定义部分是在 uart.c 文件中实现的。

```c
#ifndef __USART_H
#define __USART_H
#include "sys.h"
#include "stdio.h"

void uart_init1(u32 bound);

#endif
```

图 6 - 21

继续在左侧项目导航区鼠标左键双击点开 usart.c 文件，在中间区域将出现 usart.c 源文件的具体内容，如图 6 - 22 所示，在 usart.c 源文件内共有 void uart_init1(u32 bound)、void USART1_IRQHandler(void)、int fputc(int ch, FILE* f) 3 个函数，现分别对 3 个函数进行介绍。

1）void uart_init1(u32 bound) 函数

uart_init1 函数是串口的初始化函数，用于完成 STM32 芯片串口 1 的配置，它被使用时需要调用一个参数 bound，这个函数内部的代码分为以下几部分：

①定义三个结构体变量。

通过 GPIO_InitTypeDef GPIO_InitStructure；这条代码实现了一个具体的结构变量，其名称为 GPIO_InitStructure，对这个结构变量 GPIO_InitStructure 内部数据进行赋值即可实现端口的属性设置。

```
#include "usart.h"
int fputc(int ch, FILE *f)
{

  while((USART1->SR&0X40)==0);
  USART1->DR = (u8) ch;

  return ch;
}
void uart_init1(u32 bound)
{
  GPIO_InitTypeDef GPIO_InitStructure;
  USART_InitTypeDef USART_InitStructure;
  NVIC_InitTypeDef NVIC_InitStructure;
  RCC_APB2PeriphClockCmd(RCC_APB2Periph_USART1|RCC_APB2Periph_GPIOA, ENABLE);

  GPIO_InitStructure.GPIO_Pin = GPIO_Pin_9;
  GPIO_InitStructure.GPIO_Speed = GPIO_Speed_50MHz;
  GPIO_InitStructure.GPIO_Mode = GPIO_Mode_AF_PP;
  GPIO_Init(GPIOA, &GPIO_InitStructure);

  GPIO_InitStructure.GPIO_Pin = GPIO_Pin_10;
  GPIO_InitStructure.GPIO_Mode = GPIO_Mode_IN_FLOATING;
  GPIO_Init(GPIOA, &GPIO_InitStructure);

  USART_InitStructure.USART_BaudRate = bound;
  USART_InitStructure.USART_WordLength = USART_WordLength_8b;
  USART_InitStructure.USART_StopBits = USART_StopBits_1;
  USART_InitStructure.USART_Parity = USART_Parity_No;
  USART_InitStructure.USART_HardwareFlowControl = USART_HardwareFlowControl_None;
  USART_InitStructure.USART_Mode = USART_Mode_Rx | USART_Mode_Tx;
  USART_Init(USART1, &USART_InitStructure);
  USART_ITConfig(USART1, USART_IT_RXNE, ENABLE);
  USART_Cmd(USART1, ENABLE);

  NVIC_InitStructure.NVIC_IRQChannel = USART1_IRQn;
  NVIC_InitStructure.NVIC_IRQChannelPreemptionPriority=3 ;
  NVIC_InitStructure.NVIC_IRQChannelSubPriority = 3;
  NVIC_InitStructure.NVIC_IRQChannelCmd = ENABLE;
  NVIC_Init(&NVIC_InitStructure);
}
```

图 6 – 22

通过 USART_InitTypeDef　USART_InitStructure；这条代码实现了一个具体的结构变量，其名称为 USART_InitStructure，对这个结构变量 USART_InitStructure 内部数据进行赋值即可实现串口的属性设置。

USART_InitTypeDef 类型的结构变量，它包含的属性值有 USART_BaudRate、USART_WordLength、USART_StopBits、USART_Parity、USART_Mode、USART_HardwareFlowControl，USART_BaudRate 设置了 USART 传输的波特率；USART_WordLength 提示了在一个帧中传输或者接收到的数据位数；USART_StopBits 定义了发送的停止位数目；USART_Parity 定义了奇偶模式；USART_Mode 指定了使能或者失能发送和接收模式，USART_HardwareFlowControl 指定了硬件流控制模式是使能还是失能。

通过 NVIC_InitTypeDef　NVIC_InitStructure；这条代码实现了一个具体的结构变量，其名称为 NVIC_InitStructure，对这个结构变量 NVIC_InitStructure 内部数据进行赋值即可实现串口的中断优先级属性设置。

②打开端口时钟。

利用 RCC_APB2PeriphClockCmd（RCC_APB2Periph_USART1｜RCC_APB2Periph_GPIOA，ENABLE）；这条代码可同时打开端口 A 以及串口 1 的时钟资源。RCC_APB2PeriphClockCmd

函数的使用介绍如图 6 – 23 所示。可利用 RCC_APB2PeriphClockCmd 这个函数打开的资源如图 6 – 24 所示。

函数名	RCC_APB2PeriphClockCmd
函数原形	void RCC_APB2PeriphClockCmd(u32 RCC_APB2Periph, FunctionalState NewState)
功能描述	使能或者失能 APB2 外设时钟
输入参数 1	RCC_APB2Periph: 门控 APB2 外设时钟 参阅 Section: RCC_APB2Periph 查阅更多该参数允许取值范围
输入参数 2	NewState: 指定外设时钟的新状态 这个参数可以取: ENABLE 或者 DISABLE
输出参数	无
返回值	无
先决条件	无
被调用函数	无

图 6 – 23

RCC_AHB2Periph	描述
RCC_APB2Periph_AFIO	功能复用 IO 时钟
RCC_APB2Periph_GPIOA	GPIOA 时钟
RCC_APB2Periph_GPIOB	GPIOB 时钟
RCC_APB2Periph_GPIOC	GPIOC 时钟
RCC_APB2Periph_GPIOD	GPIOD 时钟
RCC_APB2Periph_GPIOE	GPIOE 时钟
RCC_APB2Periph_ADC1	ADC1 时钟
RCC_APB2Periph_ADC2	ADC2 时钟
RCC_APB2Periph_TIM1	TIM1 时钟
RCC_APB2Periph_SPI1	SPI1 时钟
RCC_APB2Periph_USART1	USART1 时钟
RCC_APB2Periph_ALL	全部 APB2 外设时钟

图 6 – 24

③设置端口 PA9、PA10。

STM32 的串口 1 是通过 PA9 输出串口数据,通过 PA10 接收串口输入数据,因而需利用如图 6 – 25 所示代码将端口 PA9 设置为推挽输出模式,将 PA10 设置为浮空输入模式。

```
GPIO_InitStructure.GPIO_Pin = GPIO_Pin_9;
GPIO_InitStructure.GPIO_Speed = GPIO_Speed_50MHz;
GPIO_InitStructure.GPIO_Mode = GPIO_Mode_AF_PP;
GPIO_Init(GPIOA, &GPIO_InitStructure);

GPIO_InitStructure.GPIO_Pin = GPIO_Pin_10;
GPIO_InitStructure.GPIO_Mode = GPIO_Mode_IN_FLOATING;
GPIO_Init(GPIOA, &GPIO_InitStructure);
```

图 6 – 25

④设置串口内部属性值。

利用代码 USART_InitStructure. USART_BaudRate = bound 将串口 1 的波特率设置为变量 bound 的值,bound 是串口初始化函数使用时的调用参数。

利用代码 USART_InitStructure. USART_WordLength = USART_WordLength_8b;将串口 1 的数据位设置为 8 位,利用代码 USART_InitStructure. USART_StopBits = USART_StopBits_1;将串口 1 的停止位设置为 1 位,利用代码 USART_InitStructure. USART_Parity = USART_Parity_

No；将串口 1 设置为不需要奇偶校验位。

利用代码 USART_InitStructure. USART_HardwareFlowControl = USART_HardwareFlowControl_None；将串口 1 设置为非硬件数据流，利用代码 USART_InitStructure. USART_Mode = USART_Mode_Rx │ USART_Mode_Tx；将串口 1 设置为同时收发模式，也即串口 1 在同一时刻既可以接收数据也可以发送数据。

利用代码 USART_Init（USART1，&USART_InitStructure）；完成串口的初始化配置。USART_Init 函数的使用说明如图 6－26 所示。

函数名	USART_Init
函数原形	void USART_Init(USART_TypeDef* USARTx, USART_InitTypeDef* USART_InitStruct)
功能描述	根据 USART_InitStruct 中指定的参数初始化外设 USARTx 寄存器
输入参数 1	USARTx：x 可以是 1，2 或者 3，来选择 USART 外设
输入参数 2	USART_InitStruct：指向结构 USART_InitTypeDef 的指针，包含了外设 USART 的配置信息。参阅 Section：USART_InitTypeDef 查阅更多该参数允许取值范围
输出参数	无
返回值	无
先决条件	无
被调用函数	无

图 6－26

利用代码 USART_ITConfig（USART1，USART_IT_RXNE，ENABLE）；完成串口的中断使能配置。USART_ITConfig 函数的使用说明如图 6－27 所示。

函数名	USART_ITConfig
函数原形	void USART_ITConfig(USART_TypeDef* USARTx, u16 USART_IT, FunctionalState NewState)
功能描述	使能或者失能指定的 USART 中断
输入参数 1	USARTx：x 可以是 1，2 或者 3，来选择 USART 外设
输入参数 2	USART_IT：待使能或者失能的 USART 中断源 参阅 Section：USART_IT 查阅更多该参数允许取值范围
输入参数 3	NewState：USARTx 中断的新状态 这个参数可以取：ENABLE 或者 DISABLE
输出参数	无
返回值	无
先决条件	无
被调用函数	无

图 6－27

利用代码 USART_Cmd（USART1，ENABLE）；完成串口的使能。USART_Cmd 函数的使用说明如图 6－28 所示。

函数名	USART_Cmd
函数原形	void USART_Cmd(USART_TypeDef* USARTx, FunctionalState NewState)
功能描述	使能或者失能 USART 外设
输入参数 1	USARTx：x 可以是 1，2 或者 3，来选择 USART 外设
输入参数 2	NewState：外设 USARTx 的新状态 这个参数可以取：ENABLE 或者 DISABLE
输出参数	无
返回值	无
先决条件	无
被调用函数	无

图 6－28

⑤串口中断优先级设置。

在完成串口配置之后，因为要产生中断，所以需要对串口的优先级进行设置。

通过代码 NVIC_InitStructure. NVIC_IRQChannel = USART1_IRQn；将 NVIC_InitStrucTure 结构变量所指向的通道设置为串口 1，利用代码 NVIC_InitStructure. NVIC_IRQChannelPre-emptionPriority = 3；将串口 1 的抢占优先级设置为 3 级，利用代码 NVIC_InitStructure. NVIC_IRQChannelSubPriority = 3；将串口 1 的响应优先级设置为 3 级，随后再利用代码 NVIC_InitStructure. NVIC_IRQChannelCmd = ENABLE；使得串口 1 的中断优先级设置为使能状态，最后利用 NVIC_Init(&NVIC_InitStructure)；完成串口 1 中断优先级的初始化操作。

2）void USART1_IRQHandler(void) 函数

在完成了串口 1 的初始化配置以及串口 1 的中断优先级设置后，串口 1 开始启用，只要串口 1 数据接收端口 PA10 接收到一个字节的数据，则程序将自动跳转到串口 1 中断处理函数 USART1_IRQHandler(void) 中执行。中断处理函数 USART1_IRQHandler(void) 内部的代码如图 6 – 29 所示。

```
void USART1_IRQHandler(void)
  {
  u8 Res;

  if(USART_GetITStatus(USART1, USART_IT_RXNE) != RESET)
    {
    Res =USART_ReceiveData(USART1);

    }

}
```

图 6 – 29

在 USART1_IRQHandler(void) 函数内定义了一个 u8 类型的变量 Res，随后通过调用函数 USART_GetITStatus(USART1，USART_IT_RXNE) 在此判断串口的中断标志位是否满足条件，如果满足条件则进入再执行 Res = USART_ReceiveData(USART1)；代码将串口 1 接收到的一个字节数据获取并将其赋值给变量 Res 中。USART_GetITStatus 函数的使用介绍如图 6 – 30 所示。USART_GetITStatus 函数所调用的参数 USART_IT 可选的值如图 6 – 31 所示。USART_ReceiveData 函数返回 USARTx 最近接收到的数据，该函数的使用介绍如图 6 – 32 所示。

函数名	USART_GetITStatus
函数原形	ITStatus USART_GetITStatus(USART_TypeDef* USARTx, u16 USART_IT)
功能描述	检查指定的 USART 中断发生与否
输入参数 1	USARTx：x 可以是 1，2 或者 3，来选择 USART 外设
输入参数 2	USART_IT：待检查的 USART 中断源 参阅 Section：USART_IT 查阅更多该参数允许取值范围
输出参数	无
返回值	USART_IT 的新状态
先决条件	无
被调用函数	无

图 6 – 30

USART_IT	描述
USART_IT_PE	奇偶错误中断
USART_IT_TXE	发送中断
USART_IT_TC	发送完成中断
USART_IT_RXNE	接收中断
USART_IT_IDLE	空闲总线中断
USART_IT_LBD	LIN 中断探测中断
USART_IT_CTS	CTS 中断
USART_IT_ORE	溢出错误中断
USART_IT_NE	噪声错误中断
USART_IT_FE	帧错误中断

图 6 – 31

函数名	USART_ReceiveData
函数原形	u8 USART_ReceiveData(USART_TypeDef* USARTx)
功能描述	返回 USARTx 最近接收到的数据
输入参数	USARTx: x 可以是 1, 2 或者 3, 来选择 USART 外设
输出参数	无
返回值	接收到的字
先决条件	无
被调用函数	无

图 6 – 32

3）int fputc(int ch, FILE* f) 函数

在 usart. c 源文件中包含了 fputc 函数，其内部的代码如图 6 – 33 所示，可通过将 USART1 改为 USARTX（X 表示其他串口号）使 prinf 函数映射到其他串口上。

```
int fputc(int ch, FILE *f)
{

    while((USART1->SR&0X40)==0);
    USART1->DR = (u8) ch;

    return ch;
}
```

图 6 – 33

4）printf 函数

在 main. c 源文件中的主函数 main 内的 while(1) 中有函数 printf("x:%d y:%d\r\n",x, y)，printf 是指格式化输出函数，主要功能是向标准输出设备按规定格式输出信息，在 fputc 函数内将输出设备设置为 USART1 后，printf 函数就会将数据输出到 USART1 串口上。

printf 函数的使用如图 6 – 34 所示。

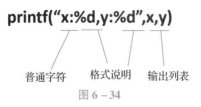

图 6 – 34

①普通字符：需要原样输出的字符。

②格式说明：由%和格式字符组成，如%d、%f等。它的作用是将输出的数据转换为指定的格式输出，格式说明是由"%"开始的，%d为十进整型数据格式，%f为浮点型数据格式。

③"输出列表"是程序需要输出的一些数据，可以是常量、变量或表达式，如图6-33所示的x、y即输出数据中的要输出的变量。

通过函数printf("x:%d y:%d\r\n",x,y)调用，在上位机软件中将显示出如图6-35所示数据。

图6-35

在工程目录下的"HARDWARE"文件夹的"usart"子文件夹下建立有usart.c和usart.h两个文件。

"usart.h"头文件内的代码如下：

```
#ifndef __USART_H
#define __USART_H
#include "sys.h"
#include "stdio.h"
void uart_init1(u32 bound);
#endif
```

"usart.c"源文件内的代码如下：

```
#include "usart.h"
int fputc(int ch, FILE * f)
{

while((USART1 -> SR&0X40) ==0);
USART1 -> DR = (u8) ch;
return ch;
}
```

```
void uart_init1(u32 bound)
{
  GPIO_InitTypeDef GPIO_InitStructure;
  USART_InitTypeDef USART_InitStructure;
  NVIC_InitTypeDef NVIC_InitStructure;
  RCC_APB2PeriphClockCmd(RCC_APB2Periph_USART1 | RCC_APB2Periph_GPIOA, ENABLE);

  GPIO_InitStructure.GPIO_Pin = GPIO_Pin_9;
  GPIO_InitStructure.GPIO_Speed = GPIO_Speed_50MHz;
  GPIO_InitStructure.GPIO_Mode = GPIO_Mode_AF_PP;
  GPIO_Init(GPIOA, &GPIO_InitStructure);
  GPIO_InitStructure.GPIO_Pin = GPIO_Pin_10;
  GPIO_InitStructure.GPIO_Mode = GPIO_Mode_IN_FLOATING;
  GPIO_Init(GPIOA, &GPIO_InitStructure);
  USART_InitStructure.USART_BaudRate = bound;
  USART_InitStructure.USART_WordLength = USART_WordLength_8b;
  USART_InitStructure.USART_StopBits = USART_StopBits_1;
  USART_InitStructure.USART_Parity = USART_Parity_No;
  USART_InitStructure.USART_HardwareFlowControl = USART_HardwareFlowControl_None;
  USART_InitStructure.USART_Mode = USART_Mode_Rx | USART_Mode_Tx;
  USART_Init(USART1, &USART_InitStructure);
  USART_ITConfig(USART1, USART_IT_RXNE, ENABLE);
  USART_Cmd(USART1, ENABLE);
  NVIC_InitStructure.NVIC_IRQChannel = USART1_IRQn;
  NVIC_InitStructure.NVIC_IRQChannelPreemptionPriority = 3 ;
  NVIC_InitStructure.NVIC_IRQChannelSubPriority = 3;
  NVIC_InitStructure.NVIC_IRQChannelCmd = ENABLE;
  NVIC_Init(&NVIC_InitStructure);
}
void USART1_IRQHandler(void)
{
  u8 Res;

  if(USART_GetITStatus(USART1, USART_IT_RXNE) != RESET)
      {
      Res = USART_ReceiveData(USART1);
      }
}
```

"main. c" 源文件内的代码如下：

```
#include "sys.h"
#include "usart.h"
u8  x,y;
 int main(void)
 {
  uart_init1(9600);
      while(1)
      {
        printf("x:%d y:%d \r \n",x,y);
      }
}
```

（3）效果验证

在仿真图形中，鼠标左键双击芯片，即弹出图 6 – 36 所示界面，此时鼠标左键单击"文件夹"按钮，找到项目工程文件夹下的 OBJ 文件夹内的 HEX 工程文件，鼠标左键单击右上角的"OK"按钮，即完成了程序的装载。

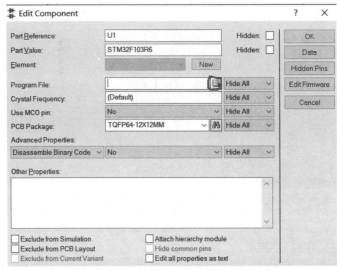

任务一实施效果
（扫码观看）

图 6 – 36

回到仿真界面，鼠标左键单击左下角的"仿真运行"按键，弹出如图 6 – 37 所示的界面，随后鼠标左键单击左下角的按钮图标（见图 6 – 37 底部标记圈出的位置），连续鼠标左键单击 3 次即可正常进入仿真状态。

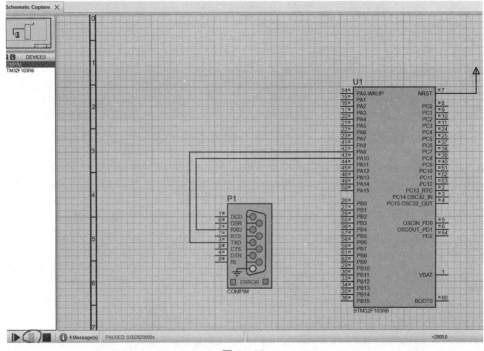

图 6 – 37

仿真正常运行后的界面以及上位机串口调试助手如图 6 - 38 所示，项目验证成功。

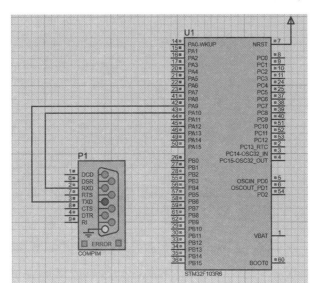

图 6 - 38

任务二　串口数显设计

任务目标

①掌握 PROTEUS 软件的串口集成数显的仿真图设计方法。

②掌握上位机发送数据由下位机接收的程序设计方法。

③掌握 USART 串口集成 3 位动态数码管显示的程序设计方法。

任务描述

设计一个串口，并集成 3 位数码管显示，上位机可以将数据通过串口发送到下位机并通过 3 位数码管显示，同时下位机将上位机发送的数据回发给上位机在数据接收区中进行显示。

项目运行平台：PROTEUS。

软件开发平台：KEIL5.0。

MCU 芯片选用：STM32F103R6。

仿真模块：COMPIM。

数码管端口：共阴极，3 位，段码连接到 PC0 ~ PC7，公共端连接到 PB0、PB1、PB2。

串口收发端口：STM32 的 PA9 端口连接到 COMPIM 仿真模块的 TXD 端口，STM32 的 PA10 端口连接到 COMPIM 仿真模块的 RXD 端口。

上位机：串口调试助手。

具体要求：

任务运行后，初始时刻 3 位数码管均显示 0，打开串口调试助手 SSCOM，接收区显示数据为 x:0 y:0，在上位机调试软件中勾选"HEX 发送"，并在发送区中输入 FF，再单击"发送"按钮。在上位机发送数据 FF 后，下位机仿真界面上的 3 位数码管显示 255，此时上位机接收区显示数据为 x:255 y:0。

任务实施

（1）电路设计

在仿真电路设计界面进入"Pick Devices"对话框，依次添加 STM32F103R6、COMPIM、7SEG - MPX1 - CC 等元件，随后将这些元件调入仿真绘图区，并调出 POWER 端子，按图 6 - 39 所示完成电路连线实现项目的仿真图设计，3 位数码管的段码阳极端口均连接到 PC0 ~ PC7 端子，阴极公共端分别连接到 PB0、PB1、PB2，STM32 芯片的 PA9 端子连接到 COMPIM 仿真模块的 TXD 端，STM32 芯片的 PA10 端子连接到 COMPIM 仿真模块的 RXD 端。

（2）软件编程

本任务是在任务一的基础上修改实现的，利用鼠标左键双击左侧项目导航区的 main.c 文件，在软件的中间区域将出现 main.c 源文件的具体内容，如图 6 - 40 所示，在 main.c 源文件内可见主函数 main(void)，主函数 main 是程序的入口函数，代码从这个函数开始往下执行。在 main(void)函数内包含了 dsp_Init()初始化函数以及 uart_init1(9600)初始化函数。uart_init1(9600)初始化函数用于配置 STM32F103R6 芯片连接到 COMPIM 仿真模型的端口 PA9 与 PA10，uart_init1(9600)函数在任务一中已经做了详细的介绍。dsp_Init()初始化函数用于配置 STM32F103R6 芯片连接到 3 位数码管的段码端口 PC0 ~ PC7 及公共端口 PB0 ~ PB2，dsp_Init()函数在项目五中已经做了详细的介绍。while(1)循环体内部则调用了 printf 函数将数据通过串口发送出去，之后是 3 位数码管的动态扫描程序代码。

在 usart.c 源文件中通过代码 extern u8 x;引用了主函数中定义的变量 x，usart.c 源文件内的中断响应函数 USART1_IRQHandler(void)中将串口接收到的数据赋值给局部变量 Res 后再传递给变量 x，代码如图 6 - 41 所示。

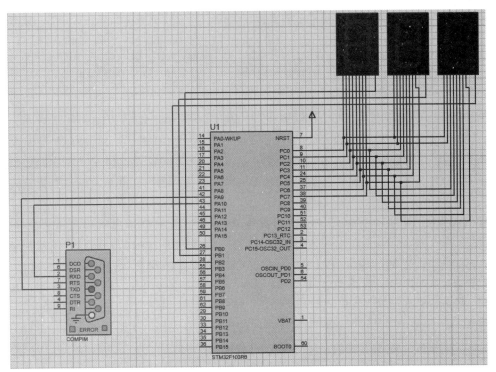

图 6 – 39

```
#include "sys.h"
#include "usart.h"
#include "DSP.h"
u8   x,y;

void delay( u32 dy  )
  {
    while(dy)
      {

        dy--;
      }
  }

int main(void)
{
  uart_init1(9600);
  dsp_Init();
  while(1)
    {
      printf("x:%d y:%d\r\n",x,y);

      COM1=0; COM2=1; COM3=1; dsp(x/100) ;     delay( 2000 );
      COM1=1; COM2=0; COM3=1; dsp(x%100/10) ;  delay( 2000 );
      COM1=1; COM2=1; COM3=0; dsp(x%10) ;      delay( 2000 );
    }
}
```

图 6 – 40

```
void USART1_IRQHandler(void)
  {
  u8 Res;

  if(USART_GetITStatus(USART1, USART_IT_RXNE) != RESET)
    {
    Res =USART_ReceiveData(USART1);
    x=Res ;
    }

  }
```

图 6 – 41

主函数的 while(1) 循环内将变量 x 的百位、十位、个位分别显示出来，如图 6 - 42 所示。

```
COM1=0; COM2=1; COM3=1; dsp(x/100) ;        delay( 2000 );
COM1=1; COM2=0; COM3=1; dsp(x%100/10) ;     delay( 2000 );
COM1=1; COM2=1; COM3=0; dsp(x%10) ;         delay( 2000 );
```

图 6 - 42

在数码管动态扫描过程中，首先令 COM1 为低电平，COM2、COM3 为高电平，由于 COM1 连接到了最左边数码管的公共端（见图 6 - 39），当 COM1 为低电平，则最左边数码管就被选通了，COM2 连接到了中间数码管的公共端；当 COM2 为高电平，则中间数码管就被屏蔽了，COM3 连接到了最右边数码管的公共端；当 COM3 为高电平，则最右边数码管被屏蔽了。

在 COM1 为低电平，COM2、COM3 为高电平的状态下，PC0 ~ PC7 给出显示数据为 2，将使最左边数码管显示 2，而中间数码管以及最右边数码管均被屏蔽，通过调用延时函数使这个状态保持一段时间；随后令 COM1、COM3 为高电平，COM2 为低电平，PC0 ~ PC7 给出显示数据为 5，将使中间数码管显示 5，这个状态也保持一段时间；再令 COM1、COM2 为高电平，COM3 为低电平，PC0 ~ PC7 给出显示数据为 5，将使最右边数码管显示 5，这个状态也保持一段时间。只要这 3 个数码管选通切换的时间足够快，人眼无法分辨出来，3 个数码管就会呈现出同时显示不同数据的效果，如图 6 - 43 所示。

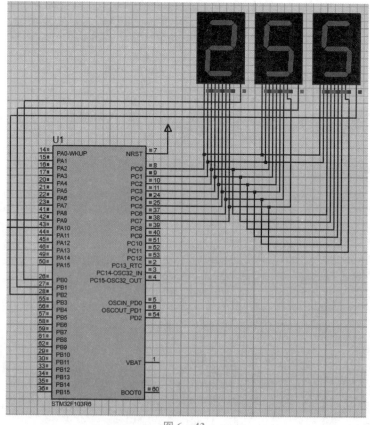

图 6 - 43

在工程目录下的"HARDWARE"文件夹的"usart"子文件夹下建立有 usart. c 和 us-art. h 两个文件。"HARDWARE"文件夹的"DSP"子文件夹内有 dsp. c 和 dsp. h 两个文件。usart. h"头文件内的代码如下：

```
#ifndef __USART_H
#define __USART_H
#include "sys.h"
#include "stdio.h"
void uart_init1(u32 bound);
#endif
```

"usart. c"源文件内的代码如下：

```
#include "usart.h"
extern u8 x;
int fputc(int ch, FILE * f)
{
while((USART1 -> SR&0X40) ==0);
USART1 -> DR = (u8) ch;
return ch;
}

void uart_init1(u32 bound)
{
 GPIO_InitTypeDef GPIO_InitStructure;
 USART_InitTypeDef USART_InitStructure;
 NVIC_InitTypeDef NVIC_InitStructure;
 RCC_APB2PeriphClockCmd(RCC_APB2Periph_USART1 | RCC_APB2Periph_GPIOA, ENABLE);
 GPIO_InitStructure.GPIO_Pin = GPIO_Pin_9;
 GPIO_InitStructure.GPIO_Speed = GPIO_Speed_50MHz;
 GPIO_InitStructure.GPIO_Mode = GPIO_Mode_AF_PP;
 GPIO_Init(GPIOA, &GPIO_InitStructure);
 GPIO_InitStructure.GPIO_Pin = GPIO_Pin_10;
 GPIO_InitStructure.GPIO_Mode = GPIO_Mode_IN_FLOATING;
 GPIO_Init(GPIOA, &GPIO_InitStructure);
 USART_InitStructure.USART_BaudRate = bound;
 USART_InitStructure.USART_WordLength = USART_WordLength_8b;
 USART_InitStructure.USART_StopBits = USART_StopBits_1;
 USART_InitStructure.USART_Parity = USART_Parity_No;
 USART_InitStructure.USART_HardwareFlowControl = USART_HardwareFlowControl_None;
 USART_InitStructure.USART_Mode = USART_Mode_Rx | USART_Mode_Tx;
 USART_Init(USART1, &USART_InitStructure);
 USART_ITConfig(USART1, USART_IT_RXNE, ENABLE);
 USART_Cmd(USART1, ENABLE);
 NVIC_InitStructure.NVIC_IRQChannel = USART1_IRQn;
 NVIC_InitStructure.NVIC_IRQChannelPreemptionPriority =3 ;
 NVIC_InitStructure.NVIC_IRQChannelSubPriority = 3;
 NVIC_InitStructure.NVIC_IRQChannelCmd = ENABLE;
 NVIC_Init(&NVIC_InitStructure);
}
```

```
void USART1_IRQHandler(void)
{
u8 Res;
if(USART_GetITStatus(USART1, USART_IT_RXNE) != RESET)
    {
     Res = USART_ReceiveData(USART1);
     x = Res;
    }
}
```

"dsp. h" 头文件内的代码如下：

```
#ifndef __DSP_H
#define __DSP_H
#include "sys.h"
#define D0 PCout(0)
#define D1 PCout(1)
#define D2 PCout(2)
#define D3 PCout(3)
#define D4 PCout(4)
#define D5 PCout(5)
#define D6 PCout(6)
#define D7 PCout(7)
#define COM1 PBout(0)
#define COM2 PBout(1)
#define COM3 PBout(2)
void dsp_Init(void);
void dsp(u8 m);
#endif
```

"dsp. c" 源文件内的代码如下：

```
#include "dsp.h"
void dsp_Init(void)
   {
       GPIO_InitTypeDef  GPIO_InitStructure;
       RCC_APB2PeriphClockCmd(RCC_APB2Periph_GPIOC | RCC_APB2Periph_GPIOB, ENABLE);

       GPIO_InitStructure.GPIO_Pin = GPIO_Pin_All;
       GPIO_InitStructure.GPIO_Mode = GPIO_Mode_Out_PP;
       GPIO_InitStructure.GPIO_Speed = GPIO_Speed_50MHz;
       GPIO_Init(GPIOC, &GPIO_InitStructure);
       GPIO_SetBits(GPIOC,GPIO_Pin_All);

       GPIO_InitStructure.GPIO_Pin = GPIO_Pin_0;
       GPIO_InitStructure.GPIO_Mode = GPIO_Mode_Out_PP;
       GPIO_InitStructure.GPIO_Speed = GPIO_Speed_50MHz;
       GPIO_Init(GPIOB, &GPIO_InitStructure);
       GPIO_SetBits(GPIOB,GPIO_Pin_0);

       GPIO_InitStructure.GPIO_Pin = GPIO_Pin_1;
       GPIO_InitStructure.GPIO_Mode = GPIO_Mode_Out_PP;
       GPIO_InitStructure.GPIO_Speed = GPIO_Speed_50MHz;
```

```
        GPIO_Init(GPIOB, &GPIO_InitStructure);
        GPIO_SetBits(GPIOB,GPIO_Pin_1);

        GPIO_InitStructure.GPIO_Pin = GPIO_Pin_2;
        GPIO_InitStructure.GPIO_Mode = GPIO_Mode_Out_PP;
        GPIO_InitStructure.GPIO_Speed = GPIO_Speed_50MHz;
        GPIO_Init(GPIOB, &GPIO_InitStructure);
        GPIO_SetBits(GPIOB,GPIO_Pin_2);
    }

void dsp(u8 m)
    {
        switch(m)
        {
            case(0): D0 =1;D1 =1;D2 =1;D3 =1;D4 =1;D5 =1;D6 =0;D7 =0;break;
            case(1): D0 =0;D1 =1;D2 =1;D3 =0;D4 =0;D5 =0;D6 =0;D7 =0;break;
            case(2): D0 =1;D1 =1;D2 =0;D3 =1;D4 =1;D5 =0;D6 =1;D7 =0;break;
            case(3): D0 =1;D1 =1;D2 =1;D3 =1;D4 =0;D5 =0;D6 =1;D7 =0;break;
            case(4): D0 =0;D1 =1;D2 =1;D3 =0;D4 =0;D5 =1;D6 =1;D7 =0;break;
            case(5): D0 =1;D1 =0;D2 =1;D3 =1;D4 =0;D5 =1;D6 =1;D7 =0;break;
            case(6): D0 =1;D1 =0;D2 =1;D3 =1;D4 =1;D5 =1;D6 =1;D7 =0;break;
            case(7): D0 =1;D1 =1;D2 =1;D3 =0;D4 =0;D5 =0;D6 =0;D7 =0;break;
            case(8): D0 =1;D1 =1;D2 =1;D3 =1;D4 =1;D5 =1;D6 =1;D7 =0;break;
            case(9): D0 =1;D1 =1;D2 =1;D3 =1;D4 =0;D5 =1;D6 =1;D7 =0;break;
        }
    }
```

"main. c"源文件内的代码如下：

```
#include "usart.h"
#include "DSP.h"
u8   x,y;
void delay( u32 dy  )
    {
        while(dy)
        {
            dy --;
        }
    }

int main(void)
{
    uart_init1(9600);
    dsp_Init();
        while(1)
        {
            printf( "x:%d y:%d\r\n",x,y);
            COM1 =0;COM2 =1;COM3 =1;dsp(x/100) ;     delay( 2000 );
            COM1 =1;COM2 =0;COM3 =1;dsp(x% 100 /10) ; delay( 2000 );
            COM1 =1;COM2 =1;COM3 =0;dsp(x% 10) ;      delay( 2000 );
        }
}
```

（3）效果验证

在仿真图形中，鼠标左键双击 STM32 芯片，即弹出图 6 – 44 所示界面，此时鼠标左键单击"文件夹"按钮，找到项目工程文件夹下的 OBJ 文件夹内的 HEX 工程文件，鼠标左键单击右上角的"OK"按钮，即完成了程序的装载。

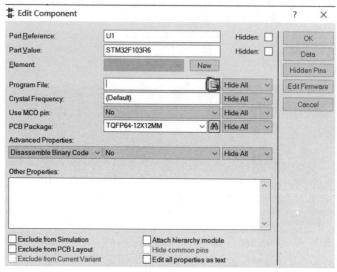

任务二实施效果
（扫码观看）

图 6 – 44

回到仿真界面，鼠标左键单击左下角的"仿真运行"按键，3 位数码管均显示 0，打开串口调试助手 SSCOM，接收区显示数据为 x:0 y:0，在上位机调试软件中的发送设置中勾选"HEX 发送"，并在发送区中输入"FF"，再单击右下角的"发送"按钮，仿真界面下的 3 位数显将变为 255，同时上位机接收区显示数据 x:255 y:0，如图 6 – 45 所示，项目验证成功。

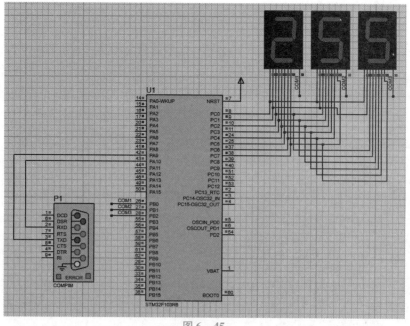

图 6 – 45

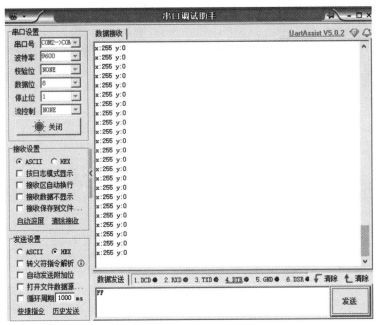

图 6 – 45 （续）

项目延伸知识点

1.1 串口概念及 USART 通信协议

按数据传送的方式，数据通信分为串行通信与并行通信两类。串行通信就像单个车道的公路，同一时刻只能传输一个数据位的数据。并行通信就像多个车道的公路，同一时刻可以传输多个数据位的数据。

按数据传输的方向可将串行通信分为单工方式、半双工方式和全双工方式。单工方式指数据传输仅能沿着一个方向，不能反向传输。半双工方式指的是数据传输可以沿着两个方向，但是不能同时发送。全双工方式指的是可以同时进行双向数据传输。

按数据传输方式的不同，可以分为同步通信和异步通信。在同步通信中，收发设备双方会使用一根信号线表示时钟信号，在时钟信号的驱动下进行数据传输。在异步通信中不使用时钟信号进行数据同步，而是约定好数据的传输速率（波特率），以数据帧的格式传输数据。

USART 通信协议是指通用同步/异步串行接收/发送器通信协议。其数据帧的格式如下：

波特率：波特率就是每秒能传输的比特位数（bit），单位是 bps，波特率可为 2 400、4 800、9 600、19 200、38 400、57 600、115 200。

起始位：起始位必须是持续一个比特时间的逻辑 0 电平，标志传输数据的开始。

数据位：可以是 8 ~ 9 位的逻辑 "0" 或 "1"，先传输 bit0，再传输 bit1，以此类推，直到 bit8。

校验位：在串行通信所发送数据的最后一位，用来粗略地检验数据在传输过程中是否出错，"1" 的位数应为偶数（偶校验）或奇数（奇校验），以此来校验数据传送的正确性。校验位是可选的，可以不传输。

停止位：停止位是一帧数据结束的标志，可以是 0.5 bit、1 bit、1.5 bit 或者 2 bit 逻辑"1"高电平，需要根据自己的需求配置。每一个设备都有自己的时钟，在传输过程中可能出现了小小的不同步，停止位不仅仅表示传输的结束，并且提供了校正时钟同步的机会。

STM32F103 系列最多有三个通用同步异步收发器（USART），两个通用异步收发器（UART）。USART 和 UART 的主要区别在于，USART 支持同步通信，串口数据帧格式如图 6-46 所示。

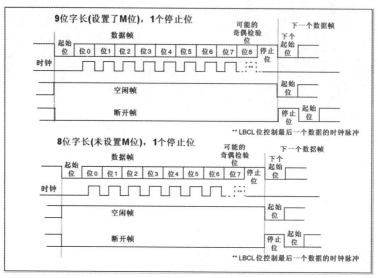

图 6-46

现对 STM32 中 USART 的主要寄存器介绍如下：

1）数据寄存器（USART_SR）（图 6-47）

图 6-47

数据寄存器中的 DR[8:0] 包含了发送或接收的数据。

2）控制寄存器 1（USART_CR1）（图 6-48）

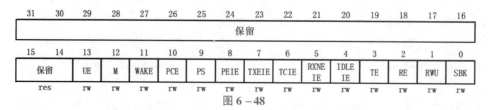

图 6-48

UE：USART 使能（USART enable）。

当该位被清零，在当前字节传输完成后，USART 的分频器和输出停止工作，以减少功

耗。该位由软件设置和清零。

0：USART 分频器和输出被禁止；

1：USART 模块使能。

M：字长（Word length）。

该位定义了数据字的长度，由软件对其设置和清零。

0：一个起始位，8 个数据位，n 个停止位；

1：一个起始位，9 个数据位，n 个停止位。

PS：校验选择（Parity selection）。

当校验控制使能后，该位用来选择是采用偶校验还是奇校验。软件对它置"1"或清零。当前字节传输完成后，该选择生效。

0：偶校验；

1：奇校验。

TXEIE：发送缓冲区空中断使能（TXE interrupt enable）。

该位由软件设置或清除。

0：禁止产生中断；

1：当 USART_SR 中的 TXE 为"1"时，产生 USART 中断。

TCIE：发送完成中断使能（Transmission complete interrupt enable）。

该位由软件设置或清除。

0：禁止产生中断；

1：当 USART_SR 中的 TC 为"1"时，产生 USART 中断。

RXNEIE：接收缓冲区非空中断使能（RXNE interrupt enable）。

该位由软件设置或清除。

0：禁止产生中断；

1：当 USART_SR 中的 ORE 或者 RXNE 为"1"时，产生 USART 中断。

TE：发送使能（Transmitter enable）。

该位使能发送器。该位由软件设置或清除。

0：禁止发送；

1：使能发送。

RE：接收使能（Receiver enable）。

该位由软件设置或清除。

0：禁止接收；

1：使能接收，并开始搜寻 RX 引脚上的起始位。

3）控制寄存器 2（USART_CR2）（图 6 - 49）

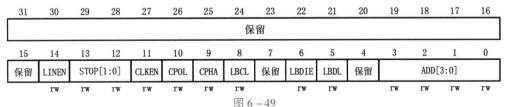

图 6 - 49

STOP：停止位（STOP bits）。

这两位用来设置停止位的位数：

00：1 个停止位；

01：0.5 个停止位；

10：2 个停止位；

11：1.5 个停止位。

注：UART4 和 UART5 不能用 0.5 停止位和 1.5 停止位。

4）控制寄存器 3（USART_CR3）（图 6 - 50）

图 6 - 50

HDSEL：半双工选择（Half - duplex selection）。

0：不选择半双工模式；

1：选择半双工模式。

5）状态寄存器（USART_SR）（图 6 - 51）

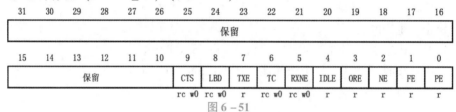

图 6 - 51

TXE：发送数据寄存器空（Transmit data register empty）。

当 TDR 寄存器中的数据被硬件转移到移位寄存器时，该位被硬件置位。如果 USART_CR1 寄存器中的 TXEIE 为 1，则产生中断，对 USART_DR 的写操作将该位清零。

0：数据还没有被转移到移位寄存器；

1：数据已经被转移到移位寄存器。

TC：发送完成（Transmission complete）。

当包含数据的一帧发送完成后，并且 TXE = 1 时，由硬件将该位置 "1"。如果 USART_CR1 中的 TCIE 为 "1"，则产生中断。由软件序列清除该位（先读 USART_SR，然后写入 USART_DR），TC 位也可以通过写入 "0" 来清除。

0：发送还未完成；

1：发送完成。

RXNE：读数据寄存器非空（Read data register not empty）。

当 RDR 移位寄存器中的数据被转移到 USART_DR 寄存器中时，该位被硬件置位。如果 USART_CR1 寄存器中的 RXNEIE 为 "1"，则产生中断。对 USART_DR 的读操作可以将该位清零，RXNE 位也可以通过写入 "0" 来清除。

0：数据没有收到；

1：收到数据，可以读出。

上面所介绍的数据寄存器、控制寄存器 1、状态寄存器的操作均是通过调用 STM32 的标准库函数进行读写操作的。

1.2　其他常用接口介绍

（1）RS – 232、RS – 422 与 RS – 485 通信接口

RS – 232 是 PC 与通信工业中应用最广泛的一种串行接口。RS – 232 被定义为一种在低速率串行通信中增加通信距离的单端标准，RS – 232 采取不平衡传输方式，即所谓单端通信。收、发端的数据信号是相对于信号地，典型的 RS – 232 信号在正负电平之间摆动，在发送数据时，发送端驱动器输出正电平在 +5 ~ +15 V，负电平在 – 5 ~ – 15 V。当无数据传输时，线上为 TTL，从开始传送数据到结束，线上电平从 TTL 电平到 RS – 232 电平再返回 TTL 电平。接收器典型的工作电平在 + 3 ~ + 12 V 与 – 3 ~ – 12 V。由于发送电平与接收电平的差仅为 2 ~ 3 V，所以其共模抑制能力差，再加上双绞线上的分布电容，其传送距离最大为约 15 m，最高速率为 20 Kbps。RS – 232 是为点对点（即只用一对收、发设备）通信而设计的，其驱动器负载为 3 ~ 7 kΩ，所以 RS – 232 适合本地设备之间的通信。

RS – 422、RS – 485 与 RS – 232 不一样，数据信号采用差分传输方式，也称作平衡传输，它使用一对双绞线，将其中一线定义为 A，另一线定义为 B。通常情况下，发送驱动器 A、B 之间的正电平在 +2 ~ +6 V，是一个逻辑状态；负电平在 – 2 ~ 6 V，是另一个逻辑状态。另有一个信号地 C，在 RS – 485 中还有一 "使能" 端，而在 RS – 422 中这是可用可不用的。"使能" 端是用于控制发送驱动器与传输线的切断与连接。当 "使能" 端起作用时，发送驱动器处于高阻状态，称作 "第三态"，即它是有别于逻辑 "1" 与 "0" 的第三态。

（2）I2C 总线

I2C(inter – integrated circuit) 是一种由 PHILIPS 公司开发的两线式串行总线，用于衔接微控制器及其外围设备。

I2C 总线是由数据线 SDA 和时钟 SCL 构成的串行总线，可发送和接收数据。在 CPU 与被控 IC 之间、IC 与 IC 之间进行双向传送，最高传送速率为 100 Kbps。各种被控制电路均并联在这条总线上，但就像电话机一样唯独拨通各自的号码才能工作，所以每个电路和模块都有唯一的地址，在信息的传输过程中，I2C 总线上并接的每一模块电路既是主控器（或被控器），又是发送器（或接收器），这取决于它所要完成的功能，各控制电路虽然挂在同一条总线上，却彼此自立，互不相关。

I2C 总线在传送数据过程中有三种类型信号，它们分别是开头信号、结束信号和应答信号。

开头信号：SCL 为高电平，SDA 由高电平向低电平跳变，开头传送数据。

结束信号：SCL 为高电平，SDA 由低电平向高电平跳变，结束传送数据。

应答信号：接收数据的 IC 在接收到 8 bit 数据后，向发送数据的 IC 发出特定的低电平脉冲，表示已收到数据。例如 CPU 向受控单元发出一个信号后，等待受控单元发出一个应答信号，CPU 接收到应答信号后，按照实际状况作出是否继续传递信号的推断，若未收到应答信号，推断为受控单元出现故障。

（3）SPI 总线

SPI 接口的全称是 "serial peripheral interface"，意为串行外围接口，是摩托罗拉首先在

MC68 HCXX 系列处理器上定义的。SPI 接口主要应用在 EEPROM、FLASH、实时时钟、AD 转换器、数字信号处理器和数字信号解码器之间。

SPI(serial peripheral interface，串行外设接口) 总线系统是一种同步串行外设接口，它可以使 MCU 与各种外围设备以串行方式进行通信以交换信息。外围设置包括 FLASH、RAM、网络控制器、LCD 显示驱动器、A/D 转换器和 MCU 等。SPI 总线系统可直接与各个厂家生产的多种标准外围器件直接接口，该接口一般使用 4 条线：串行时钟线（SCK）、主机输入/从机输出数据线 MISO、主机输出/从机输入数据线 MOSI 和低电平有效的从机选择线 SS。SPI 接口是在 CPU 和外围低速器件之间进行同步串行数据传输，在主器件的移位脉冲下，数据按位传输，高位在前，低位在后，为全双工通信，数据传输速度总体来说比 I2C 总线要快，速度可达到几 Mbps。

（4）1 - Wire 总线

1 - Wire 又称单总线，顾名思义只有一根数据线，系统中的数据交换、控制都由这根线完成。设备（主机或从机）通过一个漏极开路或三态端口连至该数据线，以允许设备在不发送数据时能够释放总线，而让其他设备使用总线。单总线通常要求外接一个约为 4.7 kΩ 的上拉电阻，这样，当总线闲置时，其状态为高电平。主机和从机之间的通信可通过三个步骤完成，分别为初始化 1 - wire 器件、识别 1 - wire 器件和交换数据。由于它们是主从结构，只有主机呼叫从机时，从机才能应答，因此主机访问 1 - wire 器件都必须严格遵循单总线命令序列，即初始化、ROM、命令功能命令。如果出现序列混乱，1 - wire 器件将不响应主机（搜索 ROM 命令，报警搜索命令除外）。

1 - Wire 总线技术具有节省 I/O 资源、结构简单、成本低廉、便于总线扩展维护等优点，将地址线、数据线、控制线合为一根信号线，1 - Wire 使用自身的网络接口的传感器和其他器件。该接口的数据通信和供电仅需通过一根数据线再加一根地线，这意味着微控制器仅需一个端口即可与 1 - Wire 传感器通信。1 - Wire 网络工作于一主多从模式（多点网络），时序非常灵活，允许从机以高达 16 Kbps 的速率与主机通信。每个 1 - Wire 器件都有一个全球唯一的 64 位 ROM ID，允许 1 - Wire 主机精确选择位于网络任何位置的一个从机进行通信。1 - Wire 总线采用漏极开路模式工作，主机（或需要输出数据的从机）将数据线拉低到地表示数据 0，将数据线释放为高表示数据 1。

由于 1 - Wire 器件是集成度高、功能丰富而外接简单的单总线网络器件，因而无论在自动化系统还是在通信工程及金融安全等领域应用都非常广泛，又由于具有使用方便、体积小等特点，故既适合各类系统开发又适用于智能化或小型仪器仪表的制造，因此很受设计者及制造厂商的欢迎。

（5）CAN 总线

CAN 即控制器局域网络，属于工业现场总线的范畴。与一般的通信总线相比，CAN 总线的数据通信具有突出的可靠性、实时性和灵活性。由于其良好的性能及独特的设计，CAN 总线越来越受到人们的重视。它在汽车领域上的应用是最广泛的，世界上一些著名的汽车制造厂商都采用了 CAN 总线来实现汽车内部控制系统与各检测和执行机构间的数据通信。同时，由于 CAN 总线本身的特点，其应用范围已不再局限于汽车行业，而向自动控制、航空航天、航海、过程工业、机械工业、纺织机械、农用机械、机器人、数控机床、医疗器械及传感器等领域发展。CAN 已经形成国际标准，并已被公认为几种最有前途的现场总线之一。其典型的应用协议有：SAE J1939/ISO11783、CANOpen、CANaerospace、DeviceNet、NMEA 2000 等。

CAN 属于现场总线的范畴，它是一种有效支持分布式控制或实时控制的串行通信网络。较之许多 RS－485 基于 R 线构建的分布式控制系统而言，基于 CAN 总线的分布式控制系统在以下方面具有明显的优越性。

1）网络各节点之间的数据通信实时性强

首先，CAN 控制器工作于多种方式，网络中的各节点都可根据总线访问优先权（取决于报文标识符）采用无损结构的逐位仲裁的方式竞争向总线发送数据，且 CAN 协议废除了站地址编码，而代之以对通信数据进行编码，这可使不同的节点同时接收到相同的数据，这些特点使得 CAN 总线构成的网络各节点之间的数据通信实时性强，并且容易构成冗余结构，提高系统的可靠性和系统的灵活性，而利用 RS－485 只能构成主从式结构系统，通信方式也只能以主站轮询的方式进行，系统的实时性、可靠性较差。

2）开发周期短

CAN 总线通过 CAN 收发器接口芯片 82C250 的两个输出端 CANH 和 CANL 与物理总线相连，而 CANH 端的状态只能是高电平或悬浮状态，CANL 端只能是低电平或悬浮状态。这就保证不会再出现在 RS－485 网络中的现象，即当系统有错误，出现多节点同时向总线发送数据时，导致总线呈现短路，从而损坏某些节点的现象。而且 CAN 节点在错误严重的情况下具有自动关闭输出功能，以使总线上其他节点的操作不受影响，从而保证不会出现像在网络中，因个别节点出现问题，使得总线处于"死锁"状态。而且，CAN 具有的完善的通信协议可由 CAN 控制器芯片及其接口芯片来实现，从而大大降低系统开发难度，缩短了开发周期，这些是仅有电气协议的 RS－485 所无法比拟的。

CAN 协议的一个最大特点是废除了传统的站地址编码，而代之以对通信数据块进行编码。采用这种方法的优点是可使网络内的节点个数在理论上不受限制，数据块的标识符可由 11 位或 29 位二进制数组成，因此可以定义两个或两个以上不同的数据块，这种按数据块编码的方式，还可使不同的节点同时接收到相同的数据，这一点在分布式控制系统中非常有用。数据段长度最多为 8 个字节，可满足通常工业领域中控制命令、工作状态及测试数据的一般要求。同时，8 个字节不会占用总线时间过长，从而保证了通信的实时性。CAN 协议采用 CRC 检验并可提供相应的错误处理功能，保证了数据通信的可靠性。CAN 卓越的特性、极高的可靠性和独特的设计，特别适合工业过程监控设备的互连，因此，越来越受到工业界的重视，并已被公认为最有前途的现场总线之一。

CAN 总线采用了多主竞争式总线结构，具有多主站运行和分散仲裁的串行总线以及广播通信的特点。CAN 总线上任意节点可在任意时刻主动地向网络上其他节点发送信息而不分主次，因此可在各节点之间实现自由通信。CAN 总线协议已被国际标准化组织认证，技术比较成熟，控制的芯片已经商品化，性价比高，特别适用于分布式测控系统之间的数据通信。CAN 总线插卡可以任意插在 PCATXT 兼容机上，方便构成分布式监控系统。

拓展任务训练

1.1 报警器设计

（1）任务目标

①掌握 PROTEUS 软件的报警器仿真图设计方法。

②掌握 KEIL 软件的设计开发流程。

③掌握报警器程序设计方法。

（2）任务概述

设计一个报警器电路，当现场出现危险时可通过报警启动按键实现现场报警，此时报警指示灯闪烁，同时远程数据监控平台可通过串口获得报警信息，当危险消除后可通过报警解除按键实现现场报警的解除，同时远程数据监控平台可通过串口获得报警解除的信息。

项目运行平台：PROTEUS。

软件开发平台：KEIL5.0。

MCU 芯片选用：STM32F103R6。

报警启动按键端口 K1：PA1。

报警解除按键端口 K2：PA2。

报警指示灯端口 LED0：PA4。

串口发送端口：PA9。

串口接收端口：PA10。

（3）任务要求

①按下报警按钮 K1，则指示灯 LED0 闪烁，进入报警状态。

②按下报警按钮 K2，则指示灯 LED0 停止闪烁，解除报警状态。

③报警状态下上位机接收到 STM32 芯片发送过来的十六进制数据 55，非报警状态下上位机接收到 STM32 芯片发送过来的十六进制数据 66。

（4）任务实施

对项目进行电路仿真图纸设计及软件程序编制，编译无误后可在 PROTEUS 仿真平台上进行仿真。仿真实现项目功能后，可以下载到嵌入式硬件平台上，用 2 个独立按键作为报警启动及报警解除按钮，1 个 LED 灯作为报警显示输出，利用串口线将嵌入式硬件平台与电脑上位机连接，在电脑上位机中监测报警数据。

（5）报警器设计技能考核

学号		姓名		小组成员	
安全评价	违反用电安全规定 总评成绩计 0 分		总评成绩		
素质目标	1. 职业素养：遵守工作时间，使用实践设备时注意用电安全。 2. 团结协作：小组成员具有协作精神和团队意识。 3. 劳动素养：具有劳动意识，实践结束后，能整理清洁好工作台面，为其他同学实践创造良好的环境			学生自评 （2分）	
				小组互评 （2分）	
				教师考评 （6分）	
				素质总评 （10分）	

续表

		学生自评 （10分）	
知识 目标	1. 掌握 PROTEUS 软件的使用。 2. 掌握 KEIL5.0 设计开发流程。 3. 掌握 C 语言输入方法。 4. 掌握报警器设计思路	教师考评 （20分）	
		知识总评 （30分）	
能力 目标	1. 能设计报警器电路。 2. 能实现项目的功能要求。 3. 能就任务的关键知识点完成互动答辩	学生自评 （10分）	
		小组互评 （10分）	
		教师考评 （40分）	
		能力总评 （60分）	

1.2　远程计数器设计

（1）任务目标

①掌握 PROTEUS 软件的远程计数器仿真图设计方法。

②掌握 KEIL 软件的设计开发流程。

③掌握远程计数器程序设计方法。

（2）任务概述

设计一个远程计数器电路，上位机可通过串口发送指令，启动计数器，计数器通过数码管显示，当计数器计数到设定的数值则停止计数，并将计数到了的信息反馈给上位机。

项目运行平台：PROTEUS。

软件开发平台：KEIL5.0。

MCU 芯片选用：STM32F103R6。

数码管显示：共阴极，2 位，段码连接到 PC0～PC7，公共端连接到 PB0、PB1。

计数指示灯端口 LED0：PA4。

串口发送端口：PA9。

串口接收端口：PA10。

（3）任务要求

①项目运行后初始状态，2 位数码管显示 0，LED0 指示灯熄灭。

②上位机通过串口发送命令 01（16 进制）给 STM32 下位机，则进入计数器设置模式，随后上位机再次发送的数据即计数器需要计数到的目标值，下位机退出计数器设置模式。

③上位机通过串口发送命令 02（16 进制）给 STM32 下位机，则启动计数器，计数器开始计数，此时 LED0 指示灯点亮。

④下位机计数到了目标值后则停止计数，给上位机发送一个字节 55，同时 LED0 指示灯熄灭。

（4）任务实施

对项目进行电路仿真图纸设计及软件程序编制，编译无误后可在 PROTEUS 仿真平台上进行仿真。仿真实现项目功能后，可以下载到嵌入式硬件平台上，用 2 位数码管显示当前计数值，1 个 LED 灯显示计数状态，利用串口线将嵌入式硬件平台与电脑上位机连接，在电脑上位机中可发送计数器设置及启动命令，同时监测下位机计数完成的状态返回值。

（5）远程计数器设计技能考核

学号		姓名		小组成员	
安全评价	违反用电安全规定 总评成绩计 0 分		总评成绩		
素质目标	1. 职业素养：遵守工作时间，使用实践设备时注意用电安全。 2. 团结协作：小组成员具有协作精神和团队意识。 3. 劳动素养：具有劳动意识，实践结束后，能整理清洁好工作台面，为其他同学实践创造良好的环境		学生自评 （2 分）		
			小组互评 （2 分）		
			教师考评 （6 分）		
			素质总评 （10 分）		
知识目标	1. 掌握 PROTEUS 软件的使用。 2. 掌握 KEIL5.0 设计开发流程。 3. 掌握 C 语言输入方法。 4. 掌握远程计数器设计思路		学生自评 （10 分）		
			教师考评 （20 分）		
			知识总评 （30 分）		
能力目标	1. 能设计远程计数器电路。 2. 能实现项目的功能要求。 3. 能就项目的关键知识点完成互动答辩		学生自评 （10 分）		
			小组互评 （10 分）		
			教师考评 （40 分）		
			能力总评 （60 分）		

1.3 密码锁设计

（1）任务目标

①掌握 PROTEUS 软件的密码锁仿真图设计方法。

②掌握 KEIL 软件的设计开发流程。

③掌握密码锁程序设计方法。

（2）任务概述

设计一个密码锁，上位机可通过串口发送指令，启动密码锁，密码锁通过 3 位数码管显示，初始状态下黑屏，当上位机发送启动密码锁命令后则显示"HHH"，密码锁初始默认密码为"123"，当上位机发送的密码数据为"123"时，则密码锁解锁，3 位数码管显示"000"。

项目运行平台：PROTEUS。

软件开发平台：KEIL5.0。

MCU 芯片选用：STM32F103R6。

数码管显示：共阴极，3 位，段码连接到 PC0 ~ PC7，公共端连接到 PB0、PB1、PB2。

密码锁指示灯端口 LED0：PA4。

串口发送端口：PA9。

串口接收端口：PA10。

（3）任务要求

①项目运行后初始状态，3 位数码管黑屏，LED0 指示灯熄灭。

②上位机通过串口发送命令 01（十六进制）给 STM32 下位机，3 位数码管显示"HHH"，LED0 指示灯仍保持熄灭。

③上位机通过串口发送命令 02（十六进制）给 STM32 下位机，则进入密码输入模式，随后上位机再次发送的数据即输入密码值，发送的密码正确则数码管显示"000"，LED0 指示灯点亮。

④上位机通过串口发送命令 03（十六进制）给 STM32 下位机，则进入密码设置模式，随后上位机再次发送的数据即设定的密码值。

（4）任务实施

对项目进行电路仿真图纸设计及软件程序编制，编译无误后可在 PROTEUS 仿真平台上进行仿真。仿真实现项目功能后，可以下载到嵌入式硬件平台上，用 3 位数码管显示当前密码值，1 个 LED 灯显示密码状态，利用串口线将嵌入式硬件平台与电脑上位机连接，在电脑上位机中可发送密码锁设置及启动命令。

（5）密码锁设计技能考核

学号		姓名		小组成员	
安全评价	违反用电安全规定 总评成绩计 0 分	总评成绩			
素质目标	1. 职业素养：遵守工作时间，使用实践设备时注意用电安全。 2. 团结协作：小组成员具有协作精神和团队意识。 3. 劳动素养：具有劳动意识，实践结束后，能整理清洁好工作台面，为其他同学实践创造良好的环境			学生自评 （2 分）	
				小组互评 （2 分）	
				教师考评 （6 分）	
				素质总评 （10 分）	

续表

知识目标	1. 掌握 PROTEUS 软件的使用。 2. 掌握 KEIL5.0 设计开发流程。 3. 掌握 C 语言输入方法。 4. 掌握密码锁的设计思路	学生自评 （10 分）	
		教师考评 （20 分）	
		知识总评 （30 分）	
能力目标	1. 能设计密码锁电路。 2. 能实现项目的功能要求。 3. 能就项目的关键知识点完成互动答辩	学生自评 （10 分）	
		小组互评 （10 分）	
		教师考评 （40 分）	
		能力总评 （60 分）	

1.4　打卡器设计

（1）任务目标

①掌握 PROTEUS 软件的打卡器仿真图设计方法。

②掌握 KEIL 软件的设计开发流程。

③掌握打卡器的程序设计方法。

（2）任务概述

设计一个打卡器，在下位机现场通过按下打卡按钮实现打卡计数，计数值可通过 2 位数码管显示，初始状态下显示为 0，每按一次打卡按钮则计数值加 1，下位机可通过打卡复位按钮令 2 位数码管恢复初始值，上位机可通过串口实时接收到打卡的数据信息，并可通过串口发送命令使得打卡器复位。

项目运行平台：PROTEUS。

软件开发平台：KEIL5.0。

MCU 芯片选用：STM32F103R6。

数码管显示：共阴极，2 位，段码连接到 PC0 ~ PC7，公共端连接到 PB0、PB1。

打卡按钮端口：PC0。

打卡复位端口：PC1。

串口发送端口：PA9。

串口接收端口：PA10。

（3）任务要求

①项目运行后初始状态，2 位数码管显示 0。

②每按下打卡按钮，2 位数码管显示值加 1。

③每按下打卡复位按钮，2 位数码管显示值恢复到初始值 0。

④上位机通过串口可实时接收到打卡的数据信息。

⑤上位机通过串口发送命令01（十六进制）给STM32下位机，则下位机打卡数据恢复初始化。

⑥上位机通过串口发送命令02（十六进制）给STM32下位机，则下位机打卡数据被锁定。

（4）任务实施

对项目任务进行电路仿真图纸设计及软件程序编制，编译无误后可在PROTEUS仿真平台上进行仿真。仿真实现项目功能后，可以下载到嵌入式硬件平台上，用2位数码管显示当前打卡值，利用串口线将嵌入式硬件平台与电脑上位机连接，在电脑上位机中可实时接收到打卡的数据信息，并可通过发送命令对下位机的打卡数据进行锁定。

（5）打卡器设计技能考核

学号		姓名		小组成员	
安全评价	违反用电安全规定 总评成绩计0分		总评成绩		
素质目标	1. 职业素养：遵守工作时间，使用实践设备时注意用电安全。 2. 团结协作：小组成员具有协作精神和团队意识。 3. 劳动素养：具有劳动意识，实践结束后，能整理清洁好工作台面，为其他同学实践创造良好的环境		学生自评 （2分）		
			小组互评 （2分）		
			教师考评 （6分）		
			素质总评 （10分）		
知识目标	1. 掌握PROTEUS软件的使用。 2. 掌握KEIL5.0设计开发流程。 3. 掌握C语言输入方法。 4. 掌握打卡器设计思路		学生自评 （10分）		
			教师考评 （20分）		
			知识总评 （30分）		
能力目标	1. 能设计打卡器电路。 2. 能实现项目的功能要求。 3. 能就项目的关键知识点完成互动答辩		学生自评 （10分）		
			小组互评 （10分）		
			教师考评 （40分）		
			能力总评 （60分）		

思考与练习

1. 简述串口仿真环境设置方法。
2. 简述程序设计过程中 USART1 串口的配置步骤。
3. 简述 USART_InitTypeDef 结构变量内部有哪些属性值及其各自的含义。
4. 简述 printf 函数的使用方法，并解释 prinf 函数映射到其他串口的实现方法是什么。
5. 简述 usart 串口数据传送的数据帧格式。
6. 简述 CAN 总线的特点及相对于 RS – 485 总线的优势是什么。

项目七

设计 AD 转换

项目背景

高端智能化工业设备可通过 AD 转换将外界模拟量信号转换为数字信号，从而为嵌入式控制系统进行接收、处理。通过本项目的学习可掌握 AD 转换的概念、原理及编程技巧，有助于进一步深入学习现代化产业体系下的嵌入式开发技术。

项目目标

1. 掌握 AD 转换电路图的设计方法。
2. 掌握 AD 转换的概念和原理。
3. 掌握嵌入式系统实现 AD 转换的程序设计方法。
4. 掌握 DMA 通道的概念和原理。
5. 掌握 DMA 通道配置 AD 转换的设计技巧。

职业素养

> 审视自我，确立目标，成就人生。

任务一 AD 转换上位机显示设计

任务目标
①掌握 AD 转换上位机显示的仿真图设计方法。
②掌握 AD 转换的工作原理。
③掌握 STM32 控制 AD 转换的程序设计方法。

任务描述
设计一个 AD 转换上位机显示项目。
项目运行平台：PROTEUS。

软件开发平台：KEIL5.0。

MCU 芯片选用：STM32F103R6。

虚拟电压表模块：DC VOLEMETER，测试一个可调电位器上滑动端的电压，滑动端同时连接到 STM32 芯片的 PA1 端进行 AD 转换，被 STM32 芯片接收，并将 AD 转换后的数据通过串口发送给上位机。

串口仿真模块：COMPIM，STM32 的 PA9 端口连接到 COMPIM 的 TXD 端口，STM32 的 PA10 端口连接到 COMPIM 的 RXD 端口。

上位机：串口调试助手。

具体要求：

任务仿真运行时，仿真界面下的电压表可显示可调电位器滑动端引出的电压值，在上位机软件界面将显示接收到的电位器滑动端的电压数据信息，当电压表显示电压值为 0 时，上位机软件界面显示电压数据值为 0；当电压表显示电压值为 3.3 V 时，上位机软件界面显示电压数据值为 4 095。

任务实施

（1）电路设计

在仿真电路设计界面打开"Pick Devices"对话框，依次添加 STM32F103R6、COMPIM、POT – HG 等元件，随后将这些元件调入仿真绘图区，并调出 POWER、GROUND 端子，按图 7 – 1 所示完成电路连线。

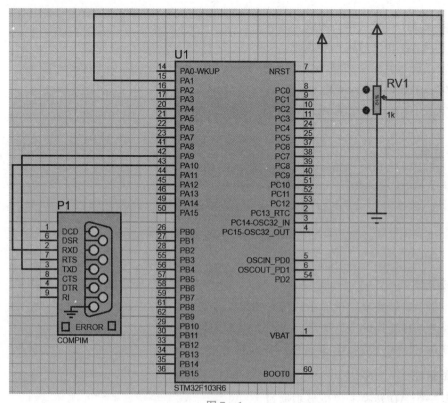

图 7 – 1

鼠标左键单击仿真图最左侧的图标，如图 7 - 2 左下方圈出处所示，在其右侧将弹出虚拟仪器列表，随后用鼠标选中 "DC VOLTMETER"，如图 7 - 3 所示，再将鼠标移动到仿真绘图区后在想放置电压表的地方单击鼠标左键，即可完成电压表的放置，按照图7 - 4 所示完成电压表的连线后即完成了仿真图的绘制。

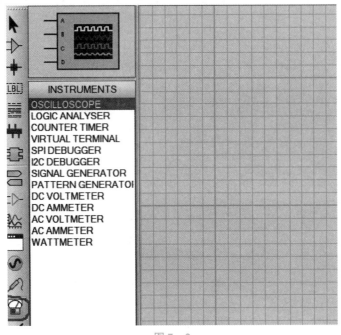

图 7 - 2

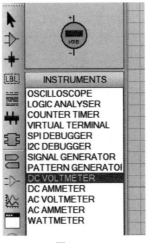

图 7 - 3

任务一软件例程
（扫码下载）

（2）软件编程

扫描本页右侧二维码下载任务一软件例程，下载后的文件夹名称为 "7.1 AD 转换上位机显示设计"，进入文件夹可见其多个子文件夹，如图 7 - 5 所示，打开 USER 文件夹后鼠标左键双击 KEIL5 软件工程图标即可打开软件程序工程，其界面如图 7 - 6 所示。

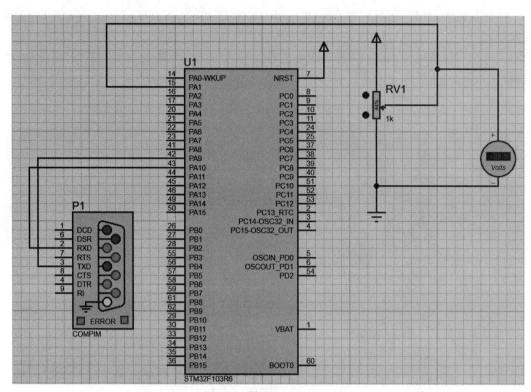

图 7-4

图 7-5

图 7-6

在图 7 - 6 软件工程界面的左侧区域为项目导航区，通过鼠标左键单击导航区中的文件夹及程序文件即可在界面中间的代码编辑区看到文件内的程序代码，代码编辑区上方有已打开的程序文件的标签页，通过鼠标左键单击不同标签页即可将不同文件的代码在代码编辑区内显示出来。

利用鼠标左键双击左侧项目导航区的 main. c 文件，在软件的中间区域将出现 main. c 源文件的具体内容，如图 7 - 6 所示，在 main. c 源文件内可见主函数 main(void)，主函数 main 是程序的入口函数，代码从这个函数开始往下执行。在 main(void) 函数内包含了 uart_init1(9600) 以及 Adc_Init( ) 初始化函数。其中 uart_init1(9600) 初始化函数用于配置 STM32F103R6 芯片连接到 COMPIM 仿真模型的端口 PA9 与 PA10,Adc_Init( )初始化函数用于配置 STM32 的 ADC 端口。在 while(1)循环体内部则调用了 Get_Adc(ADC_Channel_1) 函数将 AD 转换的模拟电压值转为数字量存放到变量 adc1 中，随后在 printf 函数中将 adc1 变量的数据通过串口发送出去。

在左侧项目导航区鼠标左键点开 HARDWARE 文件夹下的 adc. c 文件左侧的 + 号，将会展开多个文件，随后鼠标左键双击 adc. h 文件，在中间区域将出现 adc. h 头文件的具体内容，如图 7 - 7 所示，在 adc. h 头文件中利用代码 void Adc_Init(void)；及 u16 Get_Adc(u8 ch)；分别对 AD 初始化函数以及 AD 转换函数进行了声明，这两个函数的定义部分是在 adc. c 文件中实现的。

```
#ifndef __ADC_H
#define __ADC_H
#include "sys.h"


void Adc_Init(void);
u16  Get_Adc(u8 ch);


#endif
```

图 7 - 7

继续在左侧项目导航区鼠标左键双击点开 adc. c 文件，在中间区域将出现 adc. c 源文件的具体内容，如图 7 - 8 所示，在 adc. c 源文件内共有 void Adc_Init(void)、u16 Get_Adc(u8 ch)两个函数，现分别对这两个函数进行介绍。

1） void Adc_Init(void) 函数

Adc_Init(void)函数是 ADC 的初始化函数，用于完成 STM32 芯片 ADC 端口的配置，使用它时不需要调用参数。这个函数内部的代码分为以下几部分：

①定义两个结构体变量。

通过 ADC_InitTypeDef ADC_InitStructure；这条代码实现了一个具体的结构变量，其名称为 ADC_InitStructure，对结构变量 ADC_InitStructure 内部数据进行赋值即可实现 ADC 的属性设置。

通过 GPIO_InitTypeDef GPIO_InitStructure；这条代码实现了一个具体的结构变量，其名称为 GPIO_InitStructure，对结构变量 GPIO_InitStructure 内部数据进行赋值即可实现本项目 ADC 所选择的端口 PA1 的属性设置。

```
 #include "adc.h"
 #include "delay.h"
void  Adc_Init(void)
{
  GPIO_InitTypeDef GPIO_InitStructure;
  ADC_InitTypeDef ADC_InitStructure;
  RCC_APB2PeriphClockCmd(RCC_APB2Periph_GPIOA|RCC_APB2Periph_ADC1,ENABLE );
  GPIO_InitStructure.GPIO_Pin = GPIO_Pin_1;
  GPIO_InitStructure.GPIO_Mode = GPIO_Mode_AIN;
  GPIO_Init(GPIOA, &GPIO_InitStructure);

  RCC_ADCCLKConfig(RCC_PCLK2_Div6);
  ADC_DeInit(ADC1);

  ADC_InitStructure.ADC_Mode = ADC_Mode_Independent;
  ADC_InitStructure.ADC_ScanConvMode = DISABLE;
  ADC_InitStructure.ADC_ContinuousConvMode = DISABLE;
  ADC_InitStructure.ADC_ExternalTrigConv = ADC_ExternalTrigConv_None;
  ADC_InitStructure.ADC_DataAlign = ADC_DataAlign_Right;
  ADC_InitStructure.ADC_NbrOfChannel = 1;
  ADC_Init(ADC1, &ADC_InitStructure);

  ADC_Cmd(ADC1, ENABLE);

}

u16 Get_Adc(u8 ch)
{
  ADC_RegularChannelConfig(ADC1, ch, 1, ADC_SampleTime_239Cycles5 );
  ADC_SoftwareStartConvCmd(ADC1, ENABLE);
  while(!ADC_GetFlagStatus(ADC1, ADC_FLAG_EOC ));
  return ADC_GetConversionValue(ADC1);
}
```

图 7 – 8

②打开端口时钟。

RCC _ APB2PeriphClockCmd（RCC _ APB2Periph _ GPIOA ｜RCC _ APB2Periph _ ADC1，ENABLE）；这条代码可同时打开端口 A 以及 ADC1 的时钟资源。

③设置端口 PA1 位模拟输入方式。

需利用图 7 – 9 所示代码将端口 PA1 设置为模拟输入方式。

```
GPIO_InitStructure.GPIO_Pin = GPIO_Pin_1;
GPIO_InitStructure.GPIO_Mode = GPIO_Mode_AIN;
GPIO_Init(GPIOA, &GPIO_InitStructure);
```

图 7 – 9

④设置 ADC1 分频因子。

通过代码 RCC_ADCCLKConfig(RCC_PCLK2_Div6)；设置 ADC 的分频因子，当调用的参数为 RCC_PCLK2_Div6，则 ADC 的时钟为 72/6 = 12 MHz。所调用库函数的 RCC_ADC-CLKConfig 的使用方法如图 7 – 10 所示。

函数名	RCC_ADCCLKConfig
函数原形	void ADC_ADCCLKConfig(u32 RCC_ADCCLKSource)
功能描述	设置 ADC 时钟（ADCCLK）
输入参数	RCC_ADCCLKSource: 定义 ADCCLK，该时钟源自 APB2 时钟（PCLK2） 参阅 Section: RCC_ADCCLKSource 查阅更多该参数允许取值范围
输出参数	无
返回值	无
先决条件	无
被调用函数	无

RCC_ADCCLKSource	描述
RCC_PCLK2_Div2	ADC 时钟 = PCLK / 2
RCC_PCLK2_Div4	ADC 时钟 = PCLK / 4
RCC_PCLK2_Div6	ADC 时钟 = PCLK / 6
RCC_PCLK2_Div8	ADC 时钟 = PCLK / 8

图 7 – 10

通过代码 ADC_DeInit(ADC1) ; 对 ADC1 进行复位。所调用的库函数 ADC_DeInit 的使用方法如图 7 – 11 所示。

函数名	ADC_DeInit
函数原形	void ADC_DeInit(ADC_TypeDef* ADCx)
功能描述	将外设 ADCx 的全部寄存器重设为缺省值
输入参数 1	ADCx: x 可以是 1 或者 2 来选择 ADC 外设 ADC1 或 ADC2
输出参数 2	无
返回值	无
先决条件	无
被调用函数	RCC_APB2PeriphClockCmd()

图 7 – 11

⑤完成 ADC1 的初始化及使能。

利用代码 ADC_InitStructure. ADC_Mode = ADC_Mode_Independent；将 ADC 的工作模式设置为独立模式。

利用代码 ADC_InitStructure. ADC_ScanConvMode = DISABLE；将 ADC 设置为单通道模式。

利用代码 ADC_InitStructure. ADC_ContinuousConvMode = DISABLE；将 ADC 设置为单次转换模式。

利用代码 ADC_InitStructure. ADC_ExternalTrigConv = ADC_ExternalTrigConv_None；将 ADC 设置为软件触发模式。

利用代码 ADC_InitStructure. ADC_DataAlign = ADC_DataAlign_Right；将 ADC 数据设置为右对齐模式。

利用代码 ADC_InitStructure. ADC_NbrOfChannel = 1；将规则转换的 ADC 通道的数目设置为 1。

利用代码 ADC_Init(ADC1，&ADC_InitStructure) ；完成 ADC1 的初始化配置。ADC_Init 函数的使用说明如图 7 – 12 所示。

ADC_Init 函数调用时的参数是 ADC_InitTypeDef 结构类型的变量，ADC_InitTypeDef 定义于文件 "stm32f10x_adc. h"，如图 7 – 13 所示。

函数名	ADC_Init
函数原形	void ADC_Init(ADC_TypeDef* ADCx, ADC_InitTypeDef* ADC_InitStruct)
功能描述	根据 ADC_InitStruct 中指定的参数初始化外设 ADCx 的寄存器
输入参数 1	ADCx：x 可以是 1 或者 2 来选择 ADC 外设 ADC1 或 ADC2
输入参数 2	ADC_InitStruct：指向结构 ADC_InitTypeDef 的指针，包含了指定外设 ADC 的配置信息
	参阅：4.2.3 ADC_StructInit 获得 ADC_InitStruct 值的完整描述
输出参数	无
返回值	无
先决条件	无
被调用函数	无

图 7 – 12

```
typedef struct
{
  uint32_t ADC_Mode;



  FunctionalState ADC_ScanConvMode;



  FunctionalState ADC_ContinuousConvMode;



  uint32_t ADC_ExternalTrigConv;



  uint32_t ADC_DataAlign;



  uint8_t ADC_NbrOfChannel;


}ADC_InitTypeDef;
```

图 7 – 13

利用代码 ADC_Cmd(ADC1,ENABLE)；完成 ADC 的使能。ADC_Cmd 函数的使用说明如图 7 – 14 所示。

函数名	ADC_Cmd
函数原形	void ADC_Cmd(ADC_TypeDef* ADCx, FunctionalState NewState)
功能描述	使能或者失能指定的 ADC
输入参数 1	ADCx：x 可以是 1 或者 2 来选择 ADC 外设 ADC1 或 ADC2
输入参数 2	NewState：外设 ADCx 的新状态
	这个参数可以取：ENABLE 或者 DISABLE
输出参数	无
返回值	无
先决条件	无
被调用函数	无

图 7 – 14

2）u16 Get_Adc(u8 ch)函数

在完成了 ADC 设置后，ADC1 开始启用，在 Get_Adc 函数内首先通过代码 ADC_Regular
ChannelConfig(ADC1，ch，1，ADC_SampleTime_239Cycles5)；设置指定 ADC 的规则组通道、

转化顺序和采样时间。ADC_RegularChannelConfig 函数的使用说明如图 7 – 15 所示。

函数名	ADC_RegularChannelConfig
函数原形	void ADC_RegularChannelConfig(ADC_TypeDef* ADCx, u8 ADC_Channel, u8 Rank, u8 ADC_SampleTime)
功能描述	设置指定 ADC 的规则组通道，设置它们的转化顺序和采样时间
输入参数 1	ADCx：x 可以是 1 或者 2 来选择 ADC 外设 ADC1 或 ADC2
输入参数 2	ADC_Channel：被设置的 ADC 通道 参阅章节 ADC_Channel 查阅更多该参数允许取值范围
输入参数 3	Rank：规则组采样顺序，取值范围为 1~16
输入参数 4	ADC_SampleTime：指定 ADC 通道的采样时间值 参阅章节 ADC_SampleTime 查阅更多该参数允许取值范围
输出参数	无
返回值	无
先决条件	无
被调用函数	无

图 7 – 15

参数 ADC_Channel 指定了通过调用函数 ADC_RegularChannelConfig 来设置 ADC 通道，图 7 – 16 列举了 ADC_Channel 可取的值，由于在程序中针对每个通道 ADC_Channel_x 均做了类似#define ADC_Channel_0　((uint8_t)0x00)这样的定义，因而当这个参数取值为 0 则代表选择了通道 0，参数取值为 1 则代表选择了通道 1。

ADC_Channel	描述
ADC_Channel_0	选择 ADC 通道 0
ADC_Channel_1	选择 ADC 通道 1
ADC_Channel_2	选择 ADC 通道 2
ADC_Channel_3	选择 ADC 通道 3
ADC_Channel_4	选择 ADC 通道 4
ADC_Channel_5	选择 ADC 通道 5
ADC_Channel_6	选择 ADC 通道 6
ADC_Channel_7	选择 ADC 通道 7
ADC_Channel_8	选择 ADC 通道 8
ADC_Channel_9	选择 ADC 通道 9
ADC_Channel_10	选择 ADC 通道 10
ADC_Channel_11	选择 ADC 通道 11
ADC_Channel_12	选择 ADC 通道 12
ADC_Channel_13	选择 ADC 通道 13
ADC_Channel_14	选择 ADC 通道 14
ADC_Channel_15	选择 ADC 通道 15
ADC_Channel_16	选择 ADC 通道 16
ADC_Channel_17	选择 ADC 通道 17

图 7 – 16

ADC_SampleTime 设定了选中通道的 ADC 采样时间。图 7 – 17 列举了 ADC_SampleTime 可取的值。

ADC_SampleTime	描述
ADC_SampleTime_1Cycles5	采样时间为 1.5 周期
ADC_SampleTime_7Cycles5	采样时间为 7.5 周期
ADC_SampleTime_13Cycles5	采样时间为 13.5 周期
ADC_SampleTime_28Cycles5	采样时间为 28.5 周期
ADC_SampleTime_41Cycles5	采样时间为 41.5 周期
ADC_SampleTime_55Cycles5	采样时间为 55.5 周期
ADC_SampleTime_71Cycles5	采样时间为 71.5 周期
ADC_SampleTime_239Cycles5	采样时间为 239.5 周期

图 7 – 17

利用代码 ADC_SoftwareStartConvCmd（ADC1，ENABLE）；打开 ADC 的软件转换启动功能，ADC_SoftwareStartConvCmd 函数的使用说明如图 7 – 18 所示。

函数名	ADC_SoftwareStartConvCmd
函数原形	void ADC_SoftwareStartConvCmd(ADC_TypeDef* ADCx, FunctionalState NewState)
功能描述	使能或者失能指定的 ADC 的软件转换启动功能
输入参数 1	ADCx：x 可以是 1 或者 2 来选择 ADC 外设 ADC1 或 ADC2
输入参数 2	NewState：指定 ADC 的软件转换启动新状态 这个参数可以取：ENABLE 或者 DISABLE
输出参数	无
返回值	无
先决条件	无
被调用函数	无

图 7 – 18

利用代码 while(！ADC_GetFlagStatus（ADC1，ADC_FLAG_EOC))；等待 ADC1 转换结束，ADC_GetFlagStatus 函数可用于检查指定的 ADC 标志位置 1 与否。ADC_GetFlagStatus 函数的使用说明如图 7 – 19 所示。

函数名	ADC_GetFlagStatus
函数原形	FlagStatus ADC_GetFlagStatus(ADC_TypeDef* ADCx, u8 ADC_FLAG)
功能描述	检查指定 ADC 标志位置 1 与否
输入参数 1	ADCx：x 可以是 1 或者 2 来选择 ADC 外设 ADC1 或 ADC2
输入参数 2	ADC_FLAG：指定需检查的标志位 参阅章节 ADC_FLAG 查阅更多该参数允许取值范围
输出参数	无
返回值	无
先决条件	无
被调用函数	无

图 7 – 19

ADC_FLAG 可选的标志位如图 7 – 20 所示，本任务通过判断 ADC_FLAG_EOC 置位来确定转换是否结束，如果未结束则一直执行 while 循环；转换结束则跳出 while 循环，继续执行代码 return ADC_GetConversionValue（ADC1），即函数返回 ADC 转换出的数据。函数 ADC_GetConversionValue 的使用说明如图 7 – 21 所示。

ADC_AnalogWatchdog	描述
ADC_FLAG_AWD	模拟看门狗标志位
ADC_FLAG_EOC	转换结束标志位
ADC_FLAG_JEOC	注入组转换结束标志位
ADC_FLAG_JSTRT	注入组转换开始标志位
ADC_FLAG_STRT	规则组转换开始标志位

图 7 – 20

函数名	ADC_GetConversionValue
函数原形	u16 ADC_GetConversionValue(ADC_TypeDef* ADCx)
功能描述	返回最近一次 ADCx 规则组的转换结果
输入参数	ADCx：x 可以是 1 或者 2 来选择 ADC 外设 ADC1 或 ADC2
输出参数	无
返回值	转换结果
先决条件	无
被调用函数	无

图 7 – 21

在工程目录下的"HARDWARE"文件夹下的"ADC"子文件夹下建立有 adc. c 和 adc. h 两个文件。"HARDWARE"文件夹下的"usart"子文件夹下建立有 usart. c 和 usart. h 两个文件。

"adc. h"头文件内的代码如下：

```
#ifndef __ADC_H
#define __ADC_H
#include "sys.h"
void Adc_Init(void);
u16  Get_Adc(u8 ch);
#endif
```

"adc. c"源文件内的代码如下：

```
#include "adc.h"
#include "delay.h"
void  Adc_Init(void)
{
    GPIO_InitTypeDef GPIO_InitStructure;
    ADC_InitTypeDef ADC_InitStructure;
    RCC_APB2PeriphClockCmd(RCC_APB2Periph_GPIOA|RCC_APB2Periph_ADC1,EN ABLE);
    GPIO_InitStructure.GPIO_Pin = GPIO_Pin_1;
    GPIO_InitStructure.GPIO_Mode = GPIO_Mode_AIN;
    GPIO_Init(GPIOA, &GPIO_InitStructure);

    RCC_ADCCLKConfig(RCC_PCLK2_Div6);
    ADC_DeInit(ADC1);
    ADC_InitStructure.ADC_Mode = ADC_Mode_Independent;
    ADC_InitStructure.ADC_ScanConvMode = DISABLE;
    ADC_InitStructure.ADC_ContinuousConvMode = DISABLE;
    ADC_InitStructure.ADC_ExternalTrigConv = ADC_ExternalTrigConv_None;
    ADC_InitStructure.ADC_DataAlign = ADC_DataAlign_Right;
    ADC_InitStructure.ADC_NbrOfChannel = 1;
    ADC_Init(ADC1, &ADC_InitStructure);
    ADC_Cmd(ADC1, ENABLE);
}

u16 Get_Adc(u8 ch)
{
    ADC_RegularChannelConfig(ADC1, ch, 1, ADC_SampleTime_239Cycles5 );
    ADC_SoftwareStartConvCmd(ADC1, ENABLE);
    while(!ADC_GetFlagStatus(ADC1, ADC_FLAG_EOC ));
    return ADC_GetConversionValue(ADC1);
}
```

"usart. h"头文件内的代码如下：

```
#ifndef __USART_H
#define __USART_H
#include "sys.h"
#include "stdio.h"
void uart_init1(u32 bound);
#endif
```

"usart. c"源文件内的代码如下：

```
#include "usart.h"
int fputc(int ch, FILE * f)
{

    while((USART1 -> SR&0X40) == 0);
    USART1 -> DR = (u8) ch;
    return ch;
}


void uart_init1(u32 bound)
{
    GPIO_InitTypeDef GPIO_InitStructure;
    USART_InitTypeDef USART_InitStructure;
    NVIC_InitTypeDef NVIC_InitStructure;
    RCC_APB2PeriphClockCmd(RCC_APB2Periph_USART1 | RCC_APB2Periph_GPIOA, ENABLE);

    GPIO_InitStructure.GPIO_Pin = GPIO_Pin_9;
    GPIO_InitStructure.GPIO_Speed = GPIO_Speed_50MHz;
    GPIO_InitStructure.GPIO_Mode = GPIO_Mode_AF_PP;
    GPIO_Init(GPIOA, &GPIO_InitStructure);

    GPIO_InitStructure.GPIO_Pin = GPIO_Pin_10;
    GPIO_InitStructure.GPIO_Mode = GPIO_Mode_IN_FLOATING;
    GPIO_Init(GPIOA, &GPIO_InitStructure);

    USART_InitStructure.USART_BaudRate = bound;
    USART_InitStructure.USART_WordLength = USART_WordLength_8b;
    USART_InitStructure.USART_StopBits = USART_StopBits_1;
    USART_InitStructure.USART_Parity = USART_Parity_No;
    USART_InitStructure.USART_HardwareFlowControl = USART_HardwareFlowControl_None;
    USART_InitStructure.USART_Mode = USART_Mode_Rx | USART_Mode_Tx;
    USART_Init(USART1, &USART_InitStructure);
    USART_ITConfig(USART1, USART_IT_RXNE, ENABLE);
    USART_Cmd(USART1, ENABLE);

    NVIC_InitStructure.NVIC_IRQChannel = USART1_IRQn;
    NVIC_InitStructure.NVIC_IRQChannelPreemptionPriority = 3 ;
    NVIC_InitStructure.NVIC_IRQChannelSubPriority = 3;
    NVIC_InitStructure.NVIC_IRQChannelCmd = ENABLE;
    NVIC_Init(&NVIC_InitStructure);
}

void USART1_IRQHandler(void)
{
    u8 Res;

    if(USART_GetITStatus(USART1, USART_IT_RXNE) ! = RESET)
    {
```

```
            Res = USART_ReceiveData(USART1);
        }
}
```

"main. c" 源文件内的代码如下：

```
#include "sys.h"
#include "usart.h"
#include "adc.h"

u16  adc1;
 int main(void)
  {
      uart_init1(9600);
      Adc_Init();
         while(1)
         {
             adc1 = Get_Adc(ADC_Channel_1);
             printf("adc1:%d\r\n",adc1);
         }
  }
```

（3）效果验证

在仿真图形中，鼠标左键双击 STM32 芯片，即弹出图 7 - 22 所示界面，此时鼠标左键单击"文件夹"按钮，找到工程文件夹下 OBJ 子文件夹内编译生成的后缀名为 Hex 的文件，鼠标左键单击右上角的"OK"按钮，即完成了程序的装载。

任务一实施效果
（扫码观看）

图 7 - 22

回到仿真界面，鼠标左键单击左下角的"仿真运行"按键，弹出如图 7 – 23 所示的界面，随后鼠标左键单击左下角的按钮图标（见图 7 – 23 左下方圈出的位置），连续单击鼠标左键 3 次，即可正常进入仿真状态。

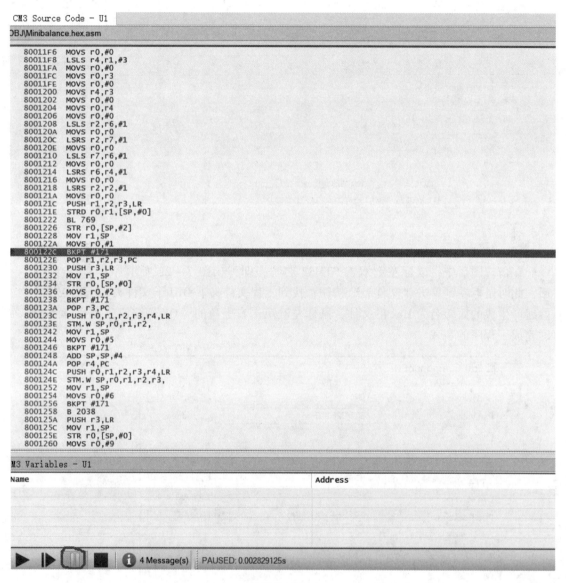

图 7 – 23

项目仿真运行时，调节电位器中间抽头引出的电压值，图中右侧的电压表显示的电压值是 1.45 V，如图 7 – 24 所示，上位机串口显示的数字量信息为"1802"，如图 7 – 25 所示，由于 0 V 对应数字量 0，3.3 V 对应数字量为 4 095，根据此比例换算 1 802 × 3.3/4 095 = 1.45，项目验证成功。

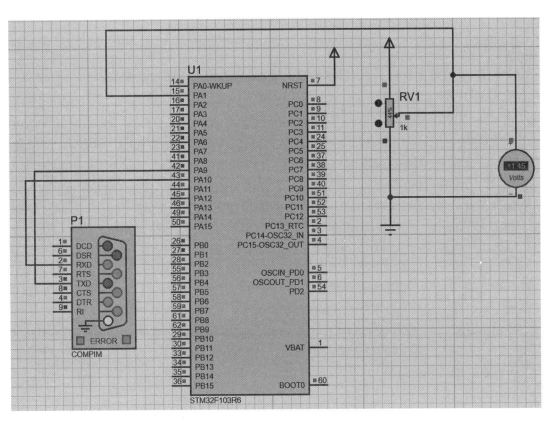

图 7 - 24

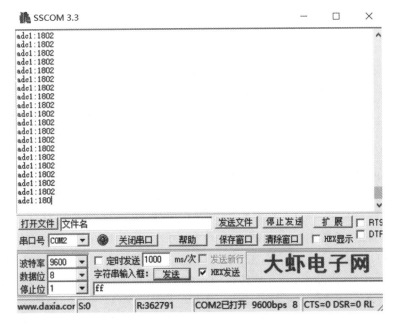

图 7 - 25

任务二 基于 DMA 的双路 AD 转换设计

任务目标

①掌握 PROTEUS 软件下基于 DMA 的双路 AD 转换仿真图设计方法。

②掌握 DMA 的工作原理。

③掌握 DMA 配置 AD 转换的程序设计方法。

任务描述

设计一个基于 DMA 的双路 AD 转换项目。

项目运行平台：PROTEUS。

软件开发平台：KEIL5.0。

MCU 芯片选用：STM32F103R6。

虚拟电压表模块：DC VOLEMETER，测试两个可调电位器上滑动端的电压，可调电位器 1 的滑动端连接到 STM32 芯片的 PA1 端进行 AD 转换，可调电位器 2 的滑动端连接到 STM32 芯片的 PA2 端进行 AD 转换，2 路 AD 信号被 STM32 芯片接收转换后通过串口传输给上位机。

串口仿真模块：COMPIM，STM32 的 PA9 端口连接到 COMPIM 的 TXD 端口，STM32 的 PA10 端口连接到 COMPIM 的 RXD 端口。

上位机：串口调试助手。

具体要求：

任务仿真运行时，仿真界面的右侧有两个电压表，可分别显示两个电位器中间抽头引出的电压值，电位器 1 引出的电压值由模拟通道 PA1 进行 AD 转换，电位器 2 引出的电压值由模拟通道 PA2 进行 AD 转换，电位器 1 与电位器 2 的电压值在仿真图上分别通过两个电压表进行测试显示，同时在上位机中也可以被监测。

任务实施

（1）电路设计

在仿真电路设计界面打开 "Pick Devices" 对话框，依次添加 STM32F103R6、COMPIM、POT‑HG 等元件，随后将这些元件调入仿真绘图区，并调出 POWER、GROUND 端子及虚拟仪器（参考任务一），按如图 7‑26 所示完成电路连线。

（2）软件编程

本任务是在任务一的基础上修改实现的，利用鼠标左键双击左侧项目导航区的 main. c 文件，在软件的中间区域将出现 main. c 源文件的具体内容，如图 7‑27 所示，在 main. c 源文件内可见主函数 main(void)，主函数 main 是程序的入口函数，代码从这个函数开始往下执行。在 main(void) 函数内包含了 uart_init1(9600)、Adc_Init() 以及 DMA_CON(DMA1_Channel1，(u32)&ADC1‑>DR，(u32)&adc，2) 初始化函数。其中 uart_init1(9600) 初始化函数用于配置 STM32F103R6 芯片连接到 COMPIM 仿真模型的端口 PA9 与 PA10，Adc_Init() 初始化函数用于配置 STM32 的 ADC 端口，DMA_CON(DMA1_Channel1，(u32)&ADC1‑>DR，(u32)&adc，2) 初始化函数用于配置 STM32 的 DMA 通道。在 while(1) 循环体内部则调用了 printf 函数中将变量 adc[0] 与 adc[1] 通过串口发送出去。

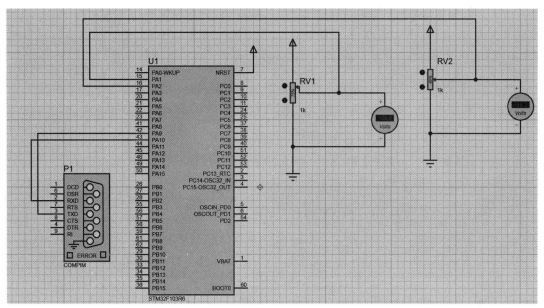

图 7 - 26

```c
#include "sys.h"
#include "usart.h"
#include "adc.h"
#include "dma.h"


u16 adc[2];

 int main(void)
 {
   uart_init1(9600);
   Adc_Init();
   DMA_CON(DMA1_Channel1,(u32)&ADC1->DR,(u32)&adc,2);

   while(1)
   {
     printf("adc1:%d adc2:%d \r\n",adc[0],adc[1]);

   }
 }
```

图 7 - 27

在左侧项目导航区鼠标左键点开 HARDWARE 文件夹下的 dma. c 文件左侧的 + 号，将会展开多个文件，随后鼠标左键双击 dma. h 文件，在中间区域将出现 dma. h 头文件的具体内容，如图 7 - 28 所示，在 dma. h 头文件中利用代码 void DMA_CON(DMA_Channel_TypeDef * DMA_CHx,u32 cpar,u32 cmar,u16 cndtr);对 DMA_CON 初始化函数进行了声明，这个函数的定义部分是在 dma. c 文件中实现的。

```c
#ifndef __DMA_H
#define __DMA_H
#include "sys.h"


void DMA_CON(DMA_Channel_TypeDef *DMA_CHx,u32 cpar,u32 cmar,u16 cndtr);


#endif
```

图 7 - 28

继续在左侧项目导航区鼠标左键双击点开 dma. c 文件,在中间区域将出现 dma. c 源文件的具体内容,如图 7 – 29 所示,在 dma. c 源文件内有 void DMA_CON(DMA_Channel_TypeDef* DMA_CHx,u32 cpar,u32 cmar,u16 cndtr)函数,现对其进行介绍。

```c
#include "dma.h"

void DMA_CON(DMA_Channel_TypeDef* DMA_CHx,u32 cpar,u32 cmar,u16 cndtr)
{
  DMA_InitTypeDef DMA_InitStructure;

  RCC_AHBPeriphClockCmd(RCC_AHBPeriph_DMA1, ENABLE);

  DMA_DeInit(DMA_CHx);

  DMA_InitStructure.DMA_PeripheralBaseAddr = cpar;
  DMA_InitStructure.DMA_MemoryBaseAddr = cmar;
  DMA_InitStructure.DMA_DIR = DMA_DIR_PeripheralSRC;
  DMA_InitStructure.DMA_BufferSize = cndtr;
  DMA_InitStructure.DMA_PeripheralInc = DMA_PeripheralInc_Disable;
  DMA_InitStructure.DMA_MemoryInc = DMA_MemoryInc_Enable;
  DMA_InitStructure.DMA_PeripheralDataSize = DMA_PeripheralDataSize_HalfWord;
  DMA_InitStructure.DMA_MemoryDataSize = DMA_MemoryDataSize_HalfWord;
  DMA_InitStructure.DMA_Mode = DMA_Mode_Circular;
  DMA_InitStructure.DMA_Priority = DMA_Priority_High;
  DMA_InitStructure.DMA_M2M = DMA_M2M_Disable;
  DMA_Init(DMA_CHx, &DMA_InitStructure);
  DMA_Cmd(DMA1_Channel1, ENABLE);
}
```

图 7 – 29

DMA_CON 函数用于完成 STM32 芯片 DMA 通道的配置,DMA 在 STM32 芯片内的主要功能是搬运数据,但是不需要占用 CPU,即在传输数据时,CPU 可以做其他事情,数据传输支持从外设到存储器或者从存储器到存储器。这个函数内部的代码分为以下几部分:

1) 定义一个结构体变量

通过 DMA_InitTypeDef DMA_InitStructure;这条代码实现了一个具体的结构变量,其名称为 DMA_InitStructure,对结构变量 DMA_InitStructure 内部数据进行赋值即可实现 DMA 的属性设置。

2) 打开端口时钟

RCC_AHBPeriphClockCmd(RCC_AHBPeriph_DMA1,ENABLE);这条代码可打开 DMA1 资源。RCC_AHBPeriphClockCmd 函数的使用说明如图 7 – 30 所示。

函数名	RCC_AHBPeriphClockCmd
函数原形	void RCC_AHBPeriphClockCmd(u32 RCC_AHBPeriph, FunctionalState NewState)
功能描述	使能或者失能 AHB 外设时钟
输入参数 1	RCC_AHBPeriph: 门控 AHB 外设时钟 参阅 Section: RCC_AHBPeriph 查阅更多该参数允许取值范围
输入参数 2	NewState: 指定外设时钟的新状态 这个参数可以取: ENABLE 或者 DISABLE
输出参数	无
返回值	无
先决条件	无
被调用函数	无

图 7 – 30

RCC_AHBPeriphClockCmd 函数调用的第一个参数就是它可以打开的资源，它的范围如图 7 - 31 所示。

RCC_AHBPeriph	描述
RCC_AHBPeriph_DMA	DMA 时钟
RCC_AHBPeriph_SRAM	SRAM 时钟
RCC_AHBPeriph_FLITF	FLITF 时钟

图 7 - 31

3）对 DMA 进行复位

通过代码 DMA_DeInit(DMA_CHx)；对 DMA 进行复位，DMA_DeInit 函数调用时的参数 DMA_CHx 就是 void DMA_CON(DMA_Channel_TypeDef* DMA_CHx, u32 cpar, u32 cmar, u16 cndtr) 初始化函数调用时所带的第 1 个参数 DMA_Channel_TypeDef* DMA_CHx，用于指定对哪一个 DMA 通道进行复位。DMA_DeInit(DMA_CHx) 函数的使用方法如图 7 - 32 所示。

函数名	DMA_DeInit
函数原形	void DMA_DeInit(DMA_Channel_TypeDef* DMA_Channelx)
功能描述	将 DMA 的通道 x 寄存器重设为缺省值
输入参数	DMA Channelx：x 可以是 1, 2…，或者 7 来选择 DMA 通道 x
输出参数	无
返回值	无
先决条件	无
被调用函数	RCC_APBPeriphResetCmd()

图 7 - 32

4）完成 DMA 的初始化及使能

利用代码 DMA_InitStructure. DMA_PeripheralBaseAddr = cpar；设置 DMA 外设 ADC 的基地址，cpar 是 void DMA_CON(DMA_Channel_TypeDef* DMA_CHx, u32 cpar, u32 cmar, u16 cndtr) 初始化函数调用时所带的第 2 个参数。

利用代码 DMA_InitStructure. DMA_MemoryBaseAddr = cmar；设置 DMA 获取 ADC 转换数据之后的存储器地址，cmar 是 void DMA_CON(DMA_Channel_TypeDef* DMA_CHx, u32 cpar, u32 cmar, u16 cndtr) 初始化函数调用时所带的第 3 个参数。

利用代码 DMA_InitStructure. DMA_DIR = DMA_DIR_PeripheralSRC；将 DMA 的传输方向选择从外设到存储器。

利用代码 DMA_InitStructure. DMA_BufferSize = cndtr；设定待传输数据数目，cndtr 是 void DMA_CON(DMA_Channel_TypeDef* DMA_CHx, u32 cpar, u32 cmar, u16 cndtr) 初始化函数调用时所带的第 4 个参数。

利用代码 DMA_InitStructure. DMA_PeripheralInc = DMA_PeripheralInc_Disable；不使能外设地址自动递增功能，即 ADC 外设的地址保持固定。

利用代码 DMA_InitStructure. DMA_MemoryInc = DMA_MemoryInc_Enable；使能存储器地址自动递增功能。

利用代码 DMA_InitStructure. DMA_PeripheralDataSize = DMA_PeripheralDataSize_HalfWord；设置外设数据宽度为 16 位。

利用代码 DMA_InitStructure. DMA_MemoryDataSize = DMA_MemoryDataSize_HalfWord；设置存储器数据宽度为 16 位。

利用代码 DMA_InitStructure. DMA_Mode = DMA_Mode_Circular；设置 DMA 传输模式为循环传输。

利用代码 DMA_InitStructure. DMA_Priority = DMA_Priority_High；设置 DMA 的通道优先级为高。

利用代码 DMA_InitStructure. DMA_M2M = DMA_M2M_Disable；不使能存储器到存储器模式。

利用代码 DMA_Init（DMA_CHx，&DMA_InitStructure）；完成 DMA 的初始化配置。DMA_Init 函数的使用说明如图 7 – 33 所示。

函数名	DMA_Init
函数原形	void DMA_Init(DMA_Channel_TypeDef* DMA_Channelx, DMA_InitTypeDef* DMA_InitStruct)
功能描述	根据 DMA_InitStruct 中指定的参数初始化 DMA 的通道 x 寄存器
输入参数 1	DMA Channelx：x 可以是 1，2…，或者 7 来选择 DMA 通道 x
输入参数 2	DMA_InitStruct：指向结构 DMA_InitTypeDef 的指针，包含了 DMA 通道 x 的配置信息 参阅：Section：DMA_InitTypeDef 查阅更多该参数允许取值范围
输出参数	无
返回值	无
先决条件	无
被调用函数	无

图 7 – 33

DMA_Init 函数所调用的输入参数 2 为 DMA_InitTypeDef 结构类型变量，它的定义如图 7 – 34 所示。

```
typedef struct
{
u32 DMA_PeripheralBaseAddr;
u32 DMA_MemoryBaseAddr;
u32 DMA_DIR;
u32 DMA_BufferSize;
u32 DMA_PeripheralInc;
u32 DMA_MemoryInc;
u32 DMA_PeripheralDataSize;
u32 DMA_MemoryDataSize;
u32 DMA_Mode;
u32 DMA_Priority;
u32 DMA_M2M;
} DMA_InitTypeDef;
```

图 7 – 34

利用代码 DMA_Cmd（DMA1_Channel1，ENABLE）；完成 DMA 的使能。DMA_Cmd 函数的使用说明如图 7 – 35 所示。

函数名	DMA_Cmd
函数原形	void DMA_Cmd(DMA_Channel_TypeDef* DMA_Channelx, FunctionalState NewState)
功能描述	使能或者失能指定的通道 x
输入参数 1	DMA Channelx：x 可以是 1，2…，或者 7 来选择 DMA 通道 x
输入参数 2	NewState：DMA 通道 x 的新状态 这个参数可以取：ENABLE 或者 DISABLE
输出参数	无
返回值	无
先决条件	无
被调用函数	无

图 7 – 35

在 main. c 主函数内调用了 DMA 的初始化函数 DMA_CON(DMA1 _Channel1 , (u32) &ADC1 –> DR , (u32) &adc , 2)。这个初始化函数共有 4 个参数，第 1 个参数 DMA1_Channel1 的含义是待配置的 DMA 通道 1，第 2 个参数(u32)&ADC1 –> DR 的含义是将 ADC1 数据寄存器 DR 的地址取出并将其转为 32 位的数据格式，第 3 个参数(u32)&adc 的含义是将 main. c 文件中定义的变量 u16 adc[2]的首地址取出并将其转为 32 位的数据格式，第 4 个参数的含义是指 DMA 待传输数据数目为 2 （对应两个 AD 转换通道）。

在左侧项目导航区鼠标左键点开 HARDWARE 文件夹下的 adc. c 源文件。文件中初始化函数 Adc_Init 内的代码如图 7 – 36 所示。

```
void  Adc_Init(void)
{
  GPIO_InitTypeDef GPIO_InitStructure;
  ADC_InitTypeDef ADC_InitStructure;

  RCC_APB2PeriphClockCmd(RCC_APB2Periph_GPIOA|RCC_APB2Periph_ADC1,ENABLE );
  GPIO_InitStructure.GPIO_Pin = GPIO_Pin_1|GPIO_Pin_2;
  GPIO_InitStructure.GPIO_Mode = GPIO_Mode_AIN;
  GPIO_Init(GPIOA, &GPIO_InitStructure);

  RCC_ADCCLKConfig(RCC_PCLK2_Div6);
  ADC_DeInit(ADC1);

  ADC_InitStructure.ADC_Mode = ADC_Mode_Independent;
  ADC_InitStructure.ADC_ScanConvMode = ENABLE;
  ADC_InitStructure.ADC_ContinuousConvMode = ENABLE;
  ADC_InitStructure.ADC_ExternalTrigConv = ADC_ExternalTrigConv_None;
  ADC_InitStructure.ADC_DataAlign = ADC_DataAlign_Right;
  ADC_InitStructure.ADC_NbrOfChannel = 2;
  ADC_Init(ADC1, &ADC_InitStructure);

  ADC_RegularChannelConfig(ADC1, ADC_Channel_1, 1, ADC_SampleTime_239Cycles5 );
  ADC_RegularChannelConfig(ADC1, ADC_Channel_2, 2, ADC_SampleTime_239Cycles5 );


  ADC_DMACmd(ADC1, ENABLE);
  ADC_Cmd(ADC1, ENABLE);

  ADC_SoftwareStartConvCmd(ADC1, ENABLE);
}
```

图 7 – 36

相对于本项目任务一中介绍的 Adc_Init 初始化函数，本任务做了以下更改：

①利用代码 GPIO_InitStructure. GPIO_Pin = GPIO_Pin_1 | GPIO_Pin_2；将 ADC 的模拟输入通道设置为两个，分别为 PA1 与 PA2。

②利用代码 ADC_InitStructure. ADC_ScanConvMode = ENABLE；将 ADC 设置为多通道扫描模式。

③利用代码 ADC_InitStructure. ADC_ContinuousConvMode = ENABLE；将 ADC 设置为连续转换模式。

④利用代码 ADC_InitStructure. ADC_NbrOfChannel = 2；将 ADC 的通道设置为 2 个。

⑤利用代码 ADC_RegularChannelConfig(ADC1 , ADC_Channel_1 , 1 , ADC_SampleTime_

239Cycles5）；以及 ADC_RegularChannelConfig（ADC1，ADC_Channel_2，2，ADC_SampleTime_239Cycles5）；完成 2 个 ADC 通道转换顺序及采样时间的设置。ADC_RegularChannelConfig 函数的使用说明如图 7－37 所示。

函数名	ADC_RegularChannelConfig
函数原形	void ADC_RegularChannelConfig(ADC_TypeDef* ADCx, u8 ADC_Channel, u8 Rank, u8 ADC_SampleTime)
功能描述	设置指定 ADC 的规则组通道，设置它们的转化顺序和采样时间
输入参数 1	ADCx：x 可以是 1 或者 2 来选择 ADC 外设 ADC1 或 ADC2
输入参数 2	ADC_Channel：被设置的 ADC 通道 参阅章节 ADC_Channel 查阅更多该参数允许取值范围
输入参数 3	Rank：规则组采样顺序，取值范围为 1~16
输入参数 4	ADC_SampleTime：指定 ADC 通道的采样时间值 参阅章节 ADC_SampleTime 查阅更多该参数允许取值范围
输出参数	无
返回值	无
先决条件	无
被调用函数	无

图 7－37

⑥利用代码 ADC_DMACmd（ADC1，ENABLE）；使能 ADC 的 DMA 请求。ADC_DMACmd 函数的使用说明如图 7－38 所示。

函数名	ADC_DMACmd
函数原形	ADC_DMACmd(ADC_TypeDef* ADCx, FunctionalState NewState)
功能描述	使能或者失能指定的 ADC 的 DMA 请求
输入参数 1	ADCx：x 可以是 1 或者 2 来选择 ADC 外设 ADC1 或 ADC2
输入参数 2	NewState：ADC DMA 传输的新状态 这个参数可以取：ENABLE 或者 DISABLE
输出参数	无
返回值	无
先决条件	无
被调用函数	无

图 7－38

⑦利用代码 ADC_Cmd（ADC1，ENABLE）；使能 ADC。ADC_Cmd 函数的使用说明如图 7－39 所示。

函数名	ADC_Cmd
函数原形	void ADC_Cmd(ADC_TypeDef* ADCx, FunctionalState NewState)
功能描述	使能或者失能指定的 ADC
输入参数 1	ADCx：x 可以是 1 或者 2 来选择 ADC 外设 ADC1 或 ADC2
输入参数 2	NewState：外设 ADCx 的新状态 这个参数可以取：ENABLE 或者 DISABLE
输出参数	无
返回值	无
先决条件	无
被调用函数	无

图 7－39

⑧利用代码 ADC_SoftwareStartConvCmd（ADC1，ENABLE）；使能 ADC 的软件转换启动功能。ADC_SoftwareStartConvCmd 函数的使用说明如图 7－40 所示。

函数名	ADC_SoftwareStartConvCmd
函数原形	void ADC_SoftwareStartConvCmd(ADC_TypeDef* ADCx, FunctionalState NewState)
功能描述	使能或者失能指定的 ADC 的软件转换启动功能
输入参数 1	ADCx：x 可以是 1 或者 2 来选择 ADC 外设 ADC1 或 ADC2
输入参数 2	NewState：指定 ADC 的软件转换启动新状态 这个参数可以取：ENABLE 或者 DISABLE
输出参数	无
返回值	无
先决条件	无
被调用函数	无

图 7-40

在完成了 DMA 及 ADC 的配置之后，ADC 在转换后自动将数据以 DMA 的方式传递到数组变量 adc 中，其中 PA1 端口转换出的 ADC 数据传递到 adc[0]内进行保存，PA2 端口转换出的 ADC 数据传递到 adc[1]内进行保存。在 main.c 主函数的 while(1)内仅有代码 printf("adc1:%dadc2:%d \r\n",adc[0],adc[1])将变量 adc[0]与 adc[1]通过串口打印出来，不需要再进行 ADC 转换函数的调用，从而节省了 CPU 的资源。

在工程目录下的"HARDWARE"文件夹的"DMA"子文件夹下建立有 dma.c 和 dma.h 两个文件。"HARDWARE"文件夹的"DSP"子文件夹内有 dsp.c 和 dsp.h 两个文件。"HARDWARE"文件夹的"USART"子文件夹下建立有 usart.c 和 usart.h 两个文件。

"dma.h"头文件内的代码如下：

```
#ifndef __DMA_H
#define__DMA_H
#include "sys.h"
void DMA_CON(DMA_Channel_TypeDef *DMA_CHx,u32 cpar,u32 cmar,u16 cndtr);
#endif
```

"dma.c"源文件内的代码如下：

```
#include "dma.h"
void DMA_CON(DMA_Channel_TypeDef* DMA_CHx,u32 cpar,u32 cmar,u16 cndtr)
{
    DMA_InitTypeDef DMA_InitStructure;
    RCC_AHBPeriphClockCmd(RCC_AHBPeriph_DMA1, ENABLE);
    DMA_DeInit(DMA_CHx);

    DMA_InitStructure.DMA_PeripheralBaseAddr = cpar;
    DMA_InitStructure.DMA_MemoryBaseAddr = cmar;
    DMA_InitStructure.DMA_DIR = DMA_DIR_PeripheralSRC;
    DMA_InitStructure.DMA_BufferSize = cndtr;
    DMA_InitStructure.DMA_PeripheralInc = DMA_PeripheralInc_Disable;
    DMA_InitStructure.DMA_MemoryInc = DMA_MemoryInc_Enable;
    DMA_InitStructure.DMA_PeripheralDataSize = DMA_PeripheralDataSize_HalfWord;
    DMA_InitStructure.DMA_MemoryDataSize = DMA_MemoryDataSize_HalfWord;
    DMA_InitStructure.DMA_Mode = DMA_Mode_Circular;
    DMA_InitStructure.DMA_Priority = DMA_Priority_High;
    DMA_InitStructure.DMA_M2M = DMA_M2M_Disable;
    DMA_Init(DMA_CHx, &DMA_InitStructure);
    DMA_Cmd(DMA1_Channel1, ENABLE);
}
```

"adc. h" 头文件内的代码如下：

```
#ifndef __ADC_H
#define __ADC_H
#include "sys.h"
void Adc_Init(void);
#endif
```

"adc. c" 源文件内的代码如下：

```
#include "adc.h"
void  Adc_Init(void)
{
    GPIO_InitTypeDef GPIO_InitStructure;
    ADC_InitTypeDef ADC_InitStructure;
    RCC_APB2PeriphClockCmd(RCC_APB2Periph_GPIOA|RCC_APB2Periph_ADC1,ENABLE);
    GPIO_InitStructure.GPIO_Pin = GPIO_Pin_1|GPIO_Pin_2;
    GPIO_InitStructure.GPIO_Mode = GPIO_Mode_AIN;
    GPIO_Init(GPIOA, &GPIO_InitStructure);

    RCC_ADCCLKConfig(RCC_PCLK2_Div6);
    ADC_DeInit(ADC1);

    ADC_InitStructure.ADC_Mode = ADC_Mode_Independent;
    ADC_InitStructure.ADC_ScanConvMode = ENABLE;
    ADC_InitStructure.ADC_ContinuousConvMode = ENABLE;
    ADC_InitStructure.ADC_ExternalTrigConv = ADC_ExternalTrigConv_None;
    ADC_InitStructure.ADC_DataAlign = ADC_DataAlign_Right;
    ADC_InitStructure.ADC_NbrOfChannel = 2;
    ADC_Init(ADC1, &ADC_InitStructure);

    ADC_RegularChannelConfig(ADC1,ADC_Channel_1, 1, ADC_SampleTime_239Cycles5);
    ADC_RegularChannelConfig(ADC1,ADC_Channel_2,2, ADC_SampleTime_239Cycles5);
    ADC_DMACmd(ADC1, ENABLE);
    ADC_Cmd(ADC1, ENABLE);
    ADC_SoftwareStartConvCmd(ADC1, ENABLE);
}
```

"usart. h" 头文件内的代码如下：

```
#ifndef __USART_H
#define __USART_H
#include "sys.h"
#include "stdio.h"
void uart_init1(u32 bound);
#endif
```

"usart. c" 源文件内的代码如下：

```
#include "usart.h"
int fputc(int ch, FILE *f)
{
    while((USART1->SR&0X40)==0);
    USART1->DR = (u8) ch;
```

```
        return ch;
}

void uart_init1(u32 bound)
{
    GPIO_InitTypeDef GPIO_InitStructure;
    USART_InitTypeDef USART_InitStructure;
    NVIC_InitTypeDef NVIC_InitStructure;
    RCC_APB2PeriphClockCmd(RCC_APB2Periph_USART1 | RCC_APB2Periph_GPIOA, ENABLE);

    GPIO_InitStructure.GPIO_Pin = GPIO_Pin_9;
    GPIO_InitStructure.GPIO_Speed = GPIO_Speed_50MHz;
    GPIO_InitStructure.GPIO_Mode = GPIO_Mode_AF_PP;
    GPIO_Init(GPIOA, &GPIO_InitStructure);

    GPIO_InitStructure.GPIO_Pin = GPIO_Pin_10;
    GPIO_InitStructure.GPIO_Mode = GPIO_Mode_IN_FLOATING;
    GPIO_Init(GPIOA, &GPIO_InitStructure);

    USART_InitStructure.USART_BaudRate = bound;
    USART_InitStructure.USART_WordLength = USART_WordLength_8b;
    USART_InitStructure.USART_StopBits = USART_StopBits_1;
    USART_InitStructure.USART_Parity = USART_Parity_No;
    USART_InitStructure.USART_HardwareFlowControl = USART_HardwareFlowControl_
None;
    USART_InitStructure.USART_Mode = USART_Mode_Rx | USART_Mode_Tx;
    USART_Init(USART1, &USART_InitStructure);
    USART_ITConfig(USART1, USART_IT_RXNE, ENABLE);
    USART_Cmd(USART1, ENABLE);
    NVIC_InitStructure.NVIC_IRQChannel = USART1_IRQn;
    NVIC_InitStructure.NVIC_IRQChannelPreemptionPriority = 3 ;
    NVIC_InitStructure.NVIC_IRQChannelSubPriority = 3;
    NVIC_InitStructure.NVIC_IRQChannelCmd = ENABLE;
    NVIC_Init(&NVIC_InitStructure);
}

void USART1_IRQHandler(void)
{
    u8 Res;
    if(USART_GetITStatus(USART1, USART_IT_RXNE) ! = RESET)
    {
        Res = USART_ReceiveData(USART1);
    }
}
```

"main. c" 源文件内的代码如下:

```
#include "sys.h"
#include "usart.h"
#include "adc.h"
#include "dma.h"
```

```
u16 adc[2];
 int main(void)
 {
     uart_init1(9600);
     Adc_Init();
     DMA_CON(DMA1_Channel1,(u32)&ADC1 ->DR,(u32)&adc,2);
       while(1)
         {
             printf("adc1:%d adc2:%d \r\n",adc[0],adc[1]);
         }
 }
```

（3）效果验证

在仿真图形中，鼠标左键双击 STM32 芯片，找到工程文件夹下 OBJ 子文件夹内编译生成的后缀名为 Hex 的文件，鼠标左键单击右上角的"OK"按钮，即完成了程序的装载。

回到仿真界面，鼠标左键单击左下角的"仿真运行"按键，弹出如图 7 – 41 所示的界面，随后鼠标左键单击左下角的按钮图标（见图 7 – 41 左下方圈出的位置），连续单击鼠标左键 3 次，即可正常进入仿真状态。

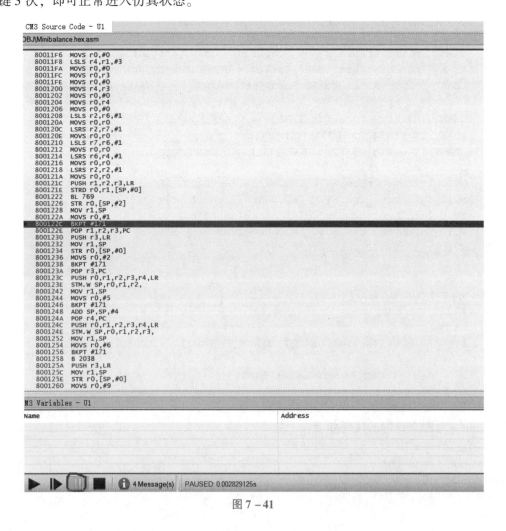

图 7 – 41

项目仿真运行时，调节电位器中间抽头引出的电压值，使得 RV1 电位器中间抽头引出的电压表显示值是 2.47 V，RV2 电位器中间抽头对应的电压表显示值是 1.62 V，如图 7 - 42 所示，此时观测到上位机串口显示的 adc1 变量值为 "3071"，adc2 变量值为 "2007"，如图 7 - 43 所示。

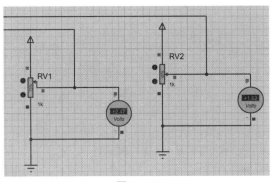

任务二实施效果
（扫码观看）

图 7 - 42

图 7 - 43

将 adc1 变量值 3071 按比例换算：3 071 × 3.3/4 095 = 2.47，与 RV1 电位器对应的电压表示值一致；将 adc2 变量值 2 007 按比例换算：2 007 × 3.3/4 095 = 1.62，与 RV2 电位器对应的电压表示值一致，项目验证成功。

项目延伸知识点

1.1　ADC 功能

（1）ADC 介绍

STM32f103 系列有三个 ADC，精度为 12 位，每个 ADC 最多有 16 个外部通道。其中

ADC1 和 ADC2 都有 16 个外部通道，ADC3 一般有 8 个外部通道，各通道的 AD 转换可以单次、连续、扫描或间断执行，ADC 转换的结果可以左对齐或右对齐储存在 16 位数据寄存器中。ADC 的输入时钟不得超过 14 MHz，其时钟频率由 PCLK2 分频产生。

（2）ADC 各通道的转换顺序介绍

如果 ADC 只使用一个通道来转换，那就很简单，但如果是使用多个通道进行转换就涉及先后顺序了，通道中的转换顺序由 3 个寄存器控制（SQR1、SQR2、SQR3），如图 7－44 所示，这 3 个寄存器都是 32 位寄存器。SQR 寄存器控制着转换通道的数目和转换顺序，只要在对应的寄存器位 SQx 中写入相应的通道，这个通道就是第 x 个转换，SQR1、SQR2、SQR3 寄存器的操作是通过调用 ADC_RegularChannelConfig 等库函数实现的。

ADC规则序列寄存器 1(ADC_SQR1)

地址偏移：0x2C
复位值：0x0000 0000

31	30	29	28	27	26	25	24	23	22	21	20	19	18	17	16
保留								L[3:0]				SQ16[4:1]			
								rw	rw	rw	rw	rw	rw	rw	rw

15	14	13	12	11	10	9	8	7	6	5	4	3	2	1	0
SQ16_0	SQ15[4:0]					SQ14[4:0]					SQ13[4:0]				
rw	rw	rw	rw	rw	rw	rw	rw	rw	rw	rw	rw	rw	rw	rw	rw

位31:24	保留。必须保持为0
位23:20	**L[3:0]**：规则通道序列长度 (Regular channel sequence length) 这些位由软件定义在规则通道转换序列中的通道数目 0000：1个转换 0001：2个转换 …… 1111：16个转换
位19:15	**SQ16[4:0]**：规则序列中的第16个转换 (16th conversion in regular sequence) 这些位由软件定义转换序列中的第16个转换通道的编号(0~17)
位14:10	**SQ15[4:0]**：规则序列中的第15个转换 (15th conversion in regular sequence)
位9:5	**SQ14[4:0]**：规则序列中的第14个转换 (14th conversion in regular sequence)
位4:0	**SQ13[4:0]**：规则序列中的第13个转换 (13th conversion in regular sequence)

ADC规则序列寄存器 2(ADC_SQR2)

地址偏移：0x30
复位值：0x0000 0000

31	30	29	28	27	26	25	24	23	22	21	20	19	18	17	16
保留		SQ12[4:0]					SQ11[4:0]					SQ10[4:1]			
		rw	rw	rw	rw	rw	rw	rw	rw	rw	rw	rw	rw	rw	rw

15	14	13	12	11	10	9	8	7	6	5	4	3	2	1	0
SQ10_0	SQ9[4:0]					SQ8[4:0]					SQ7[4:0]				
rw	rw	rw	rw	rw	rw	rw	rw	rw	rw	rw	rw	rw	rw	rw	rw

位31:30	保留。必须保持为0
位29:25	**SQ12[4:0]**：规则序列中的第12个转换 (12th conversion in regular sequence) 这些位由软件定义转换序列中的第12个转换通道的编号(0~17)
位24:20	**SQ11[4:0]**：规则序列中的第11个转换 (11th conversion in regular sequence)
位19:15	**SQ10[4:0]**：规则序列中的第10个转换 (10th conversion in regular sequence)
位14:10	**SQ9[4:0]**：规则序列中的第9个转换 (9th conversion in regular sequence)
位9:5	**SQ8[4:0]**：规则序列中的第8个转换 (82th conversion in regular sequence)
位4:0	**SQ7[4:0]**：规则序列中的第7个转换 (7th conversion in regular sequence)

图 7－44

ADC规则序列寄存器 3(ADC_SQR3)

地址偏移：0x34

复位值：0x0000 0000

31	30	29	28	27	26	25	24	23	22	21	20	19	18	17	16
保留		SQ6[4:0]					SQ5[4:0]					SQ4[4:1]			
		rw	rw	rw	rw	rw	rw	rw	rw	rw	rw	rw	rw	rw	rw

15	14	13	12	11	10	9	8	7	6	5	4	3	2	1	0
SQ4_0		SQ3[4:0]					SQ2[4:0]					SQ1[4:0]			
rw	rw	rw	rw	rw	rw	rw	rw	rw	rw	rw	rw	rw	rw	rw	rw

位31:30	保留。必须保持为0
位29:25	**SQ6[4:0]**：规则序列中的第6个转换 (6th conversion in regular sequence) 这些位由软件定义转换序列中的第6个转换通道的编号(0~17)
位24:20	**SQ5[4:0]**：规则序列中的第5个转换 (5th conversion in regular sequence)
位19:15	**SQ4[4:0]**：规则序列中的第4个转换 (4th conversion in regular sequence)
位14:10	**SQ3[4:0]**：规则序列中的第3个转换 (3rd conversion in regular sequence)
位9:5	**SQ2[4:0]**：规则序列中的第2个转换 (2nd conversion in regular sequence)
位4:0	**SQ1[4:0]**：规则序列中的第1个转换 (1st conversion in regular sequence)

图 7 - 44（续）

（3）ADC 转换时间

ADC 的每一次信号转换都需要时间，这个时间就是转换时间，转换时间由 ADC 时钟频率和采样周期数来决定。

ADC 的时钟频率是由 PCLK2（72 MHz）经过分频得到的，分频因子由 RCC 时钟配置寄存器 RCC_CFGR 的位 15:14 ADCPRE[1:0] 设置，可以是 2/4/6/8 分频，通过调用 RCC_ADCCLKConfig 函数可对 RCC_CFGR 进行设置，如图 7 - 45 所示。本项目实现了 6 分频，即 ADC 的时钟频率为 12 MHz。

函数名	RCC_ADCCLKConfig
函数原型	void ADC_ADCCLKConfig(u32 RCC_ADCCLKSource)
功能描述	设置 ADC 时钟（ADCCLK）
输入参数	RCC_ADCCLKSource: 定义 ADCCLK，该时钟源自 APB2 时钟（PCLK2）参阅 Section: RCC_ADCCLKSource 查阅更多该参数允许取值范围
输出参数	无
返回值	无
先决条件	无
被调用函数	无

RCC_ADCCLKSource

该参数设置了ADC时钟（ADCCLK），Table 362. 给出了该参数可取的值。

RCC_ADCCLKSource	描述
RCC_PCLK2_Div2	ADC 时钟 = PCLK / 2
RCC_PCLK2_Div4	ADC 时钟 = PCLK / 4
RCC_PCLK2_Div6	ADC 时钟 = PCLK / 6
RCC_PCLK2_Div8	ADC 时钟 = PCLK / 8

图 7 - 45

对于时间寄存器 ADC_SMPR1 和 ADC_SMPR2 中的 SMP 位设置，ADC_SMPR2 控制的是通道 0~9，ADC_SMPR1 控制的是通道 10~17，如图 7 - 46 所示，每个通道可以配置不同的采样时间，最小的采样时间是 1.5 个周期，也就是说如果想最快时间采样就设置采样周期为 1.5，转换时间 = 采样时间 + 12.5 个周期，12.5 个周期是固定的，也即一次转换时间最少 14 个周期。

当 ADC 的时钟频率为 12 MHz 时，一次 ADC 转换的最少时间为 14 个周期，那么完成一次 ADC 转换的时间约为 1.16 μs。

ADC采样时间寄存器 1(ADC_SMPR1)

地址偏移：0x0C
复位值：0x0000 0000

31	30	29	28	27	26	25	24	23	22	21	20	19	18	17	16
保留								SMP17[2:0]			SMP16[2:0]			SMP15[2:1]	
								rw	rw	rw	rw	rw	rw	rw	rw

15	14	13	12	11	10	9	8	7	6	5	4	3	2	1	0
SMP15 0	SMP14[2:0]			SMP13[2:0]			SMP12[2:0]			SMP11[2:0]			SMP10[2:0]		
rw	rw	rw	rw	rw	rw	rw	rw	rw	rw	rw	rw	rw	rw	rw	rw

位31:24	保留。必须保持为0
位23:0	**SMPx[2:0]：选择通道x的采样时间 (Channel x Sample time selection)** 这些位用于独立地选择每个通道的采样时间。在采样周期中通道选择位必须保持不变。 000：1.5周期　　　　　　100：41.5周期 001：7.5周期　　　　　　101：55.5周期 010：13.5周期　　　　　110：71.5周期 011：28.5周期　　　　　111：239.5周期 注：ADC1的模拟输入通道16和通道17在芯片内部分别连到了温度传感器和VREFINT 　　ADC2的模拟输入通道16和通道17在芯片内部连到了VSS 　　ADC3模拟输入通道14、15、16、17与VSS相连

ADC采样时间寄存器 2(ADC_SMPR2)

地址偏移：0x10
复位值：0x0000 0000

31	30	29	28	27	26	25	24	23	22	21	20	19	18	17	16
保留		SMP9[2:0]			SMP8[2:0]			SMP7[2:0]			SMP6[2:0]			SMP5[2:1]	
		rw	rw	rw	rw	rw	rw	rw	rw	rw	rw	rw	rw	rw	rw

15	14	13	12	11	10	9	8	7	6	5	4	3	2	1	0
SMP5 0	SMP4[2:0]			SMP3[2:0]			SMP2[2:0]			SMP1[2:0]			SMP0[2:0]		
rw	rw	rw	rw	rw	rw	rw	rw	rw	rw	rw	rw	rw	rw	rw	rw

位31:30	保留。必须保持为0。
位29:0	**SMPx[2:0]：选择通道x的采样时间 (Channel x Sample time selection)** 这些位用于独立地选择每个通道的采样时间。在采样周期中通道选择位必须保持不变。 000：1.5周期　　　　　　100：41.5周期 001：7.5周期　　　　　　101：55.5周期 010：13.5周期　　　　　110：71.5周期 011：28.5周期　　　　　111：239.5周期 注：ADC3模拟输入通道9与VSS相连

图 7 - 46

1.2 DMA 功能

（1）DMA 基本定义

DMA（direct memory access），即直接存储器访问，通过 DMA 传输可将数据从一个地址空间复制到另一个地址空间，提供在外设和存储器之间或者存储器和存储器之间的高速数据传输。例如外设 A 的数据要转移到内存 B，只要给外设与内存提供一条数据通路，直接让数据由 A 到 B 而不需要 CPU 进行处理，从而在顺利实现数据传输的同时避免过度消耗 CPU 资源。

（2）DMA 资源

DMA 有 2 个 DMA 控制器共 12 个通道（DMA1 有 7 个通道，DMA2 有 5 个通道），DMA1 的通道请求如图 7 - 47 所示。DMA2 的通道请求如图 7 - 48 所示，每个通道专门用来管理来自一个或多个外设对存储器访问的请求。虽然每个通道可以接收多个外设的请求，但是同一时间只能接收一个，不能同时接收多个。

外设	通道1	通道2	通道3	通道4	通道5	通道6	通道7
ADC1	ADC1						
SPI/I²S		SPI1_RX	SPI1_TX	SPI/I2S2_RX	SPI/I2S2_TX		
USART		USART3_TX	USART3_RX	USART1_TX	USART1_RX	USART2_RX	USART2_TX
I²C				I2C2_TX	I2C2_RX	I2C1_TX	I2C1_RX
TIM1		TIM1_CH1	TIM1_CH2	TIM1_TX4 TIM1_TRIG TIM1_COM	TIM1_UP	TIM1_CH3	
TIM2	TIM2_CH3	TIM2_UP			TIM2_CH1		TIM2_CH2 TIM2_CH4
TIM3		TIM3_CH3	TIM3_CH4 TIM3_UP			TIM3_CH1 TIM3_TRIG	
TIM4	TIM4_CH1			TIM4_CH2	TIM4_CH3		TIM4_UP

图 7 – 47

外设	通道1	通道2	通道3	通道4	通道5
ADC3[1]					ADC3
SPI/I2S3	SPI/I2S3_RX	SPI/I2S3_TX			
UART4			UART4_RX		UART4_TX
SDIO[1]				SDIO	
TIM5	TIM5_CH4 TIM5_TRIG	TIM5_CH3 TIM5_UP		TIM5_CH2	TIM5_CH1
TIM6/ DAC通道1			TIM6_UP/ DAC通道1		
TIM7/ DAC通道2				TIM7_UP/ DAC通道2	
TIM8[1]	TIM8_CH3 TIM8_UP	TIM8_CH4 TIM8_TRIG TIM8_COM	TIM8_CH1		TIM8_CH2

图 7 – 48

（3）DMA 传输参数

DMA 传输参数主要包括数据的源地址、数据的目标地址、数据传输方向、数据传输量、数据传输的字长、数据传输的优先级等。

（4）DMA 数据传输方向

DMA 传输数据的方向可以是从外设到存储器，也可以是从存储器到外设，具体的方向可通过寄存器 DMA_CCR 的位 4 DIR 配置：0 表示从外设到存储器，1 表示从存储器到外设。寄存器 DMA_CCR 的使用说明如图 7 – 49 所示。

（5）DMA 数据宽度

DMA 数据源地址和目标地址存储的宽度必须一致，作为源数据的 ADC 是 16 位的，所以在 DMA 配置的目标地址存储的宽度也必须是 16 位，外设数据宽度由 DMA_CCR 的 PSIZE［1：0］配置，可以是 8/16/32 位；存储器的数据宽度由 DMA_CCR 的 MSIZE［1：0］配置，可以是 8/16/32 位。DMA_CCR 寄存器的使用说明如图 7 – 50 所示。

DMA通道x配置寄存器(DMA_CCRx)(x = 1…7)

偏移地址：0x08 + 20 x (通道编号 − 1)

复位值：0x0000 0000

31	30	29	28	27	26	25	24	23	22	21	20	19	18	17	16
保留															

15	14	13	12	11	10	9	8	7	6	5	4	3	2	1	0
保留	MEM2 MEM	PL[1:0]		MSIZE[1:0]		PSIZE[1:0]		MINC	PINC	CIRC	DIR	TEIE	HTIE	TCIE	EN
	rw	rw	rw	rw	rw	rw	rw	rw	rw	rw	rw	rw	rw	rw	rw

位31:15　保留，始终读为0

位4	**DIR:** 数据传输方向 (Data transfer direction) 该位由软件设置和清除 0：从外设读 1：从存储器读

图 7 − 49

DMA通道x配置寄存器(DMA_CCRx)(x = 1…7)

偏移地址：0x08 + 20 x (通道编号 − 1)

复位值：0x0000 0000

31	30	29	28	27	26	25	24	23	22	21	20	19	18	17	16
保留															

15	14	13	12	11	10	9	8	7	6	5	4	3	2	1	0
保留	MEM2 MEM	PL[1:0]		MSIZE[1:0]		PSIZE[1:0]		MINC	PINC	CIRC	DIR	TEIE	HTIE	TCIE	EN
	rw	rw	rw	rw	rw	rw	rw	rw	rw	rw	rw	rw	rw	rw	rw

位31:15　保留，始终读为0。

位11:10	**MSIZE[1:0]:** 存储器数据宽度 (Memory size) 这些位由软件设置和清除。 00：8位 01：16位 10：32位 11：保留
位9:8	**PSIZE[1:0]:** 外设数据宽度 (Peripheral size) 这些位由软件设置和清除。 00：8位 01：16位 10：32位 11：保留
位7	**MINC:** 存储器地址增量模式 (Memory increment mode) 该位由软件设置和清除。 0：不执行存储器地址增量操作 1：执行存储器地址增量操作
位6	**PINC:** 外设地址增量模式 (Peripheral increment mode) 该位由软件设置和清除。 0：不执行外设地址增量操作 1：执行外设地址增量操作

图 7 − 50

（6）外设与内存数据指针增量模式

在 DMA 控制器的控制下，必须正确设置外设与存储器数据指针的增量模式。外设的地址指针由 DMA_CCRx 的 PINC 配置，存储器的地址指针由 MINC 配置。以 ADC1 转换数据为例，每转换完一次，存储器的地址指针就加 1，而 ADC1 数据寄存器只有一个，那么 ADC1 外设的地址指针就固定不变。在图 7-50 中可见 MINC 与 PINC 的配置方法。

（7）DMA 传输模式

DMA 传输分两种模式，即一次传输和循环传输。一次传输是在传输一次之后就停止，若想继续传输，必须重新进行配置。循环传输则是一次传输完成之后又恢复第一次传输时的配置循环传输，不断地重复。DMA 传输模式是通过 DMA_CCR 寄存器的 CIRC 循环模式位进行控制的。

拓展任务训练

1.1 双路模拟电压数码显示设计

（1）任务目标

①掌握 PROTEUS 软件的双路模拟电压数码显示仿真图设计方法。

②掌握 KEIL 软件的设计开发流程。

③掌握双路模拟电压数码显示程序设计方法。

（2）任务概述

设计一个双路模拟电压数码显示，可通过按键令数码管切换显示不同通道的电压值。

项目运行平台：PROTEUS。

软件开发平台：KEIL5.0。

MCU 芯片选用：STM32F103R6。

通道切换端口 K1：PB10（外部中断实现）。

模拟通道：通道 1：PA1；通道 2：PA2。

数码管仿真模块：数码管 4 位显示，4 位数码管的段码连接到 PC0～PC7，公共端连接到 PB0～PB4。

串口：发送端 PA9，接收端 PA10。

虚拟电压表模块：DC VOLEMETER，测试两个可调电位器上滑动端的电压，可调电位器 1 的滑动端连接到 STM32 芯片的 PA1 端进行 AD 转换，可调电位器 2 的滑动端连接到 STM32 芯片的 PA2 端进行 AD 转换，被 STM32 芯片接收转换后通过串口传输给上位机。

（3）任务要求

①任务启动后，数码管显示通道 1 的模拟电压值；

②按下通道切换端口 K1，则数码管显示通道 2 的模拟电压值；再按一次 K1，数码管又重新显示通道 K2 的电压值。

③上位机可同时监测通道 1 和通道 2 的电压值。

（4）任务实施

对项目进行电路仿真图纸设计及软件程序编制，编译无误后可在 PROTEUS 仿真平台上进行仿真。仿真实现项目功能后，可以下载到嵌入式硬件平台上，用一个独立按键作为模拟输入通道切换端口，一个 4 位数码管作为模拟电压的显示输出，利用串口线将嵌入式硬件平台与电脑上位机连接，在电脑上位机中监测两个模拟通道的电压数据。

（5）双路模拟电压数码显示设计技能考核

学号		姓名		小组成员	
安全评价	违反用电安全规定 总评成绩计 0 分		总评成绩		
素质目标	1. 职业素养：遵守工作时间，使用实践设备时注意用电安全。 2. 团结协作：小组成员具有协作精神和团队意识。 3. 劳动素养：具有劳动意识，实践结束后，能整理清洁好工作台面，为其他同学实践创造良好的环境		学生自评 （2 分）		
			小组互评 （2 分）		
			教师考评 （6 分）		
			素质总评 （10 分）		
知识目标	1. 掌握 PROTEUS 软件的使用。 2. 掌握 KEIL5.0 设计开发流程。 3. 掌握 C 语言输入方法。 4. 掌握双路模拟电压数码显示设计思路		学生自评 （10 分）		
			教师考评 （20 分）		
			知识总评 （30 分）		
能力目标	1. 能设计双路模拟电压数码显示电路。 2. 能实现项目的功能要求。 3. 能就任务的关键知识点完成互动答辩		学生自评 （10 分）		
			小组互评 （10 分）		
			教师考评 （40 分）		
			能力总评 （60 分）		

1.2 四通道 AD 选择器设计

（1）任务目标

①掌握 PROTEUS 软件的四通道 AD 选择器仿真图设计方法。

②掌握 KEIL 软件的设计开发流程。

③掌握四通道 AD 选择器程序设计方法。

（2）任务概述

设计一个四通道 AD 选择器电路，利用 Switch 开关的开合设置，实现四通道 AD 输入的选择显示。

项目运行平台：PROTEUS。

软件开发平台：KEIL5.0。

MCU 芯片选用：STM32F103R6。

四通道 SWITCH 端口：K1：PB10，K2：PB11。

模拟通道：通道 1：PA1；通道 2：PA2；通道 3：PA3；通道 4：PA4。

数码管仿真模块：数码管 4 位显示，4 位数码管的段码连接到 PC0～PC7，公共端连接到 PB0～PB4。

串口：发送端 PA9，接收端 PA10。

虚拟电压表模块：DC VOLEMETER，测试 4 个可调电位器上滑动端的电压，可调电位器 1 的滑动端连接到 STM32 芯片的 PA1 端进行 AD 转换，可调电位器 2 的滑动端连接到 STM32 芯片的 PA2 端进行 AD 转换，可调电位器 3 的滑动端连接到 STM32 芯片的 PA3 端进行 AD 转换，可调电位器 4 的滑动端连接到 STM32 芯片的 PA4 端进行 AD 转换，被 STM32 芯片接收转换后通过串口传输给上位机。

（3）任务要求

①任务启动后，通过设置 K1、K2 即可令数码管显示通道 1～4 的模拟电压值，当 K1 = 0，K2 =0 时，显示通道 1 的电压值；当 K1 =1，K2 =0 时，显示通道 2 的电压值；当 K1 = 0，K2 =1 时，显示通道 3 的电压值；当 K1 =1，K2 = 1 时，显示通道 4 的电压值（开关 K1/K2 闭合时为 0，打开时为 1）。

②上位机可同时监测通道 1～通道 4 的电压值。

（4）任务实施

对项目进行电路仿真图纸设计及软件程序编制，编译无误后可在 PROTEUS 仿真平台上进行仿真。仿真实现项目功能后，可以下载到嵌入式硬件平台上，用 2 个独立按键来控制 4 位数码管实现项目效果。

（5）四通道 AD 选择器设计技能考核

学号		姓名		小组成员	
安全评价	违反用电安全规定 总评成绩计 0 分		总评成绩		
素质目标	1. 职业素养：遵守工作时间，使用实践设备时注意用电安全。 2. 团结协作：小组成员具有协作精神和团队意识。 3. 劳动素养：具有劳动意识，实践结束后，能整理清洁好工作台面，为其他同学实践创造良好的环境			学生自评 （2分）	
				小组互评 （2分）	
				教师考评 （6分）	
				素质总评 （10分）	
知识目标	1. 掌握 PROTEUS 软件的使用。 2. 掌握 KEIL5.0 设计开发流程。 3. 掌握 C 语言输入方法。 4. 掌握四通道 AD 选择器设计思路			学生自评 （10分）	
				教师考评 （20分）	
				知识总评 （30分）	

能力 目标	1. 能设计四通道 AD 选择器电路。 2. 能实现项目的功能要求。 3. 能就项目的关键知识点完成互动答辩	学生自评 （10 分）	
		小组互评 （10 分）	
		教师考评 （40 分）	
		能力总评 （60 分）	

思考与练习

1. 简述 ADC 转换时间的含义即如何配置 ADC 的转换时间。

2. 简述 ADC_InitTypeDef 结构类型内部有哪些属性值及其各自的含义。

3. 简述将 PA1 端口配置为 ADC 端口的设计步骤。

4. 介绍库函数 ADC_RegularChannelConfig 的作用及其使用方法。

5. 介绍 DMA 的概念及 STM32F1 系列内 DMA 的资源。

6. 介绍利用 DMA 功能实现 ADC 外设数据传输到存储器的设计步骤。

7. 简述 DMA_InitTypeDef 结构类型内部有哪些属性值及其各自的含义。

8. 介绍 RCC_AHBPeriphClockCmd 函数的作用及其可打开的资源。

项目八

设计 PWM

项目背景

高端智能化工业设备利用 PWM 技术实现微处理器数字信号对模拟电路的控制，可大幅降低系统的成本和功耗。通过本项目的学习可掌握 PWM 的概念、原理及编程技巧，有助于进一步深入学习现代化产业体系下的嵌入式开发技术。

项目目标

1. 掌握 PWM 电路图的设计方法。
2. 掌握 PWM 的概念和原理。
3. 掌握嵌入式系统实现 PWM 输出的程序设计方法。
4. 掌握 PWM 与 AD 转换等资源集成配置的程序设计方法。

职业素养

高调做事，低调做人，律己当严，待人宜宽。

任务一　PWM 波形显示设计

任务目标

①掌握 PWM 波形显示的仿真图设计方法。
②掌握 PWM 的工作原理。
③掌握 STM32 控制 PWM 输出的程序设计方法。

任务描述

设计一个 PWM 波形显示项目，可通过虚拟示波器进行观测。
项目运行平台：PROTEUS。
软件开发平台：KEIL5.0。

MCU 芯片选用：STM32F103R6。

虚拟示波器模块：OSCILLOSCOPE，虚拟示波器的输入通道连接到 STM32 芯片的 PA7 端口，STM32 编程实现的 PWM 信号通过 PA7 端口输出后可通过示波器进行显示。

具体要求：

任务仿真运行时，仿真界面下的示波器可看到方波信号，方波的占空比为 50%。

任务实施

（1）电路设计

在仿真电路设计界面打开"Pick Devices"对话框，依次添加 STM32F103R6 并将其调入仿真绘图区，同时调出 POWER 端子，然后按图 8-1 所示完成电路连线。

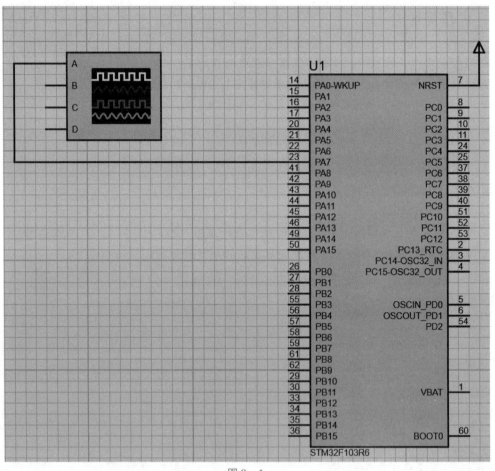

图 8-1

随后鼠标左键单击仿真图最左侧图标，如图 8-2 左下方圈出处所示，在其右侧将弹出虚拟仪器列表，随后用鼠标选中"OSCILLOSCOPE"，再将鼠标移动到仿真绘图区，在想放置示波器的地方单击鼠标左键，即可完成示波器的放置，按照图 8-3 所示完成示波器的连线后即完成了仿真图的绘制。

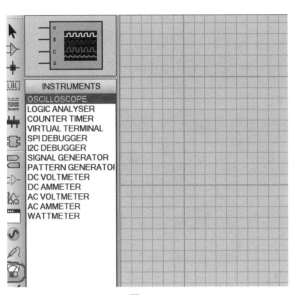

图 8 – 2

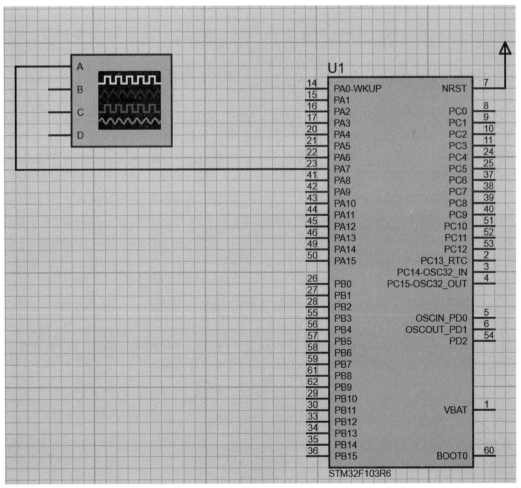

图 8 – 3

（2）软件编程

扫描本页右侧二维码下载任务一软件例程，下载后的文件夹名称为"8.1 PWM 波形显示设计"，进入文件夹可见其多个子文件夹，如图 8-4 所示，打开 USER 文件夹后鼠标左键双击 KEIL5 软件工程图标即可打开软件程序工程，其界面如图 8-5 所示。

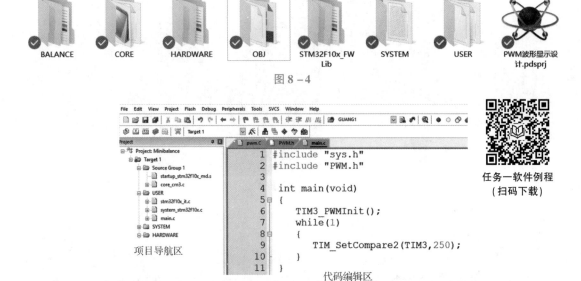

图 8-4

图 8-5

任务一软件例程
（扫码下载）

图 8-5 软件工程界面的左侧区域为项目导航区，通过鼠标左键点击导航区中的文件夹及程序文件即可在界面中间的代码编辑区看到文件内的程序代码，代码编辑区上方有已打开的程序文件的标签页，通过鼠标左键点击不同标签页即可将不同文件的代码在代码编辑区内显示出来。

利用鼠标左键双击左侧项目导航区的 main.c 文件，在软件的中间区域将出现 main.c 源文件的具体内容，如图 8-5 所示，在 main.c 源文件内可见主函数 main(void)，主函数 main 是程序的入口函数，代码从这个函数开始往下执行。在 main(void) 函数内包含了 TIM3_PWMInit() 函数，TIM3_PWMInit() 初始化函数用于将 STM32F103R6 芯片的端口 PA7 配置为 PWM 模式输出。

在左侧项目导航区鼠标左键点开 HARDWARE 文件夹下的 pwm.c 文件左侧的 + 号，将会展开多个文件，随后鼠标左键双击 pwm.h 文件，在中间区域将出现 pwm.h 头文件的具体内容，如图 8-6 所示，在 pwm.h 头文件中利用代码 TIM3_PWMInit(void); 对 PWM 初始化函数进行了声明，这个函数的定义部分是在 pwm.c 文件中实现的。

```
#ifndef _PWM_H
#define _PWM_H
#include "stm32f10x.h"
void TIM3_PWMInit(void);

#endif
```

图 8-6

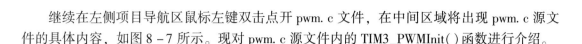

继续在左侧项目导航区鼠标左键双击点开 pwm. c 文件，在中间区域将出现 pwm. c 源文件的具体内容，如图 8 - 7 所示。现对 pwm. c 源文件内的 TIM3_PWMInit( ) 函数进行介绍。

```c
#include "PWM.H"
void TIM3_PWMInit()
{
  /* 定义结构体变量 */
  GPIO_InitTypeDef GPIO_InitStructure;
  TIM_TimeBaseInitTypeDef TIM_TimeBaseInitStructure;
  TIM_OCInitTypeDef TIM_OCInitStructure;

  /* 开启时钟 */
  RCC_APB2PeriphClockCmd(RCC_APB2Periph_GPIOA,ENABLE);
  RCC_APB1PeriphClockCmd(RCC_APB1Periph_TIM3,ENABLE);

  /* 配置GPIO的模式和IO口 */
  GPIO_InitStructure.GPIO_Pin=GPIO_Pin_7;
  GPIO_InitStructure.GPIO_Speed=GPIO_Speed_50MHz;
  GPIO_InitStructure.GPIO_Mode=GPIO_Mode_AF_PP;
  GPIO_Init(GPIOA,&GPIC_InitStructure);

  //TIM3定时器初始化
  TIM_TimeBaseInitStructure.TIM_Period = 500-1;
  TIM_TimeBaseInitStructure.TIM_Prescaler =7199;
  TIM_TimeBaseInitStructure.TIM_ClockDivision = 0;
  TIM_TimeBaseInitStructure.TIM_CounterMode = TIM_CounterMode_Up;
  TIM_TimeBaseInit(TIM3, & TIM_TimeBaseInitStructure);

  //根据TIM_OCInitStruct中指定的参数初始化外设TIMx
  TIM_OCInitStructure.TIM_OCMode=TIM_OCMode_PWM2;
  TIM_OCInitStructure.TIM_OutputState=TIM_OutputState_Enable;
  TIM_OCInitStructure.TIM_OCPolarity=TIM_OCPolarity_High ;
  TIM_OC2Init(TIM3,&TIM_OCInitStructure);

  TIM_Cmd(TIM3,ENABLE);
}
```

图 8 - 7

STM32 的定时器 TIM3 可产生 4 路 PWM 输出，其中 PWM 通道 1 由 PA6 引脚输出，PWM 通道 2 由 PA7 引脚输出，PWM 通道 3 由 PB1 引脚输出，PWM 通道 4 由 PB2 引脚输出，TIM3_PWMInit(void) 函数用于对定时器 TIM3 的 PWM 通道 2 进行配置。函数内部的代码分为以下几部分：

1) 定义三个结构体变量

通过 GPIO_InitTypeDef GPIO_InitStructure；这条代码实现了一个具体的结构变量，其名称为 GPIO_InitStructure，对结构变量 GPIO_InitStructure 内部数据进行赋值即可实现 PWM 物理端口的属性设置。

通过 TIM_TimeBaseInitTypeDef TIM_TimeBaseStructure；这条代码实现了一个具体的结构变量，其名称为 TIM_TimeBaseStructure，对结构变量 TIM_TimeBaseStructure 内部数据进行赋值即可实现定时器的属性设置。

通过 TIM_OCInitTypeDef TIM_OCInitStructure；这条代码实现了一个具体的结构变量，其名称为 TIM_OCInitStructure，对结构变量 TIM_OCInitStructure 内部数据进行赋值即可实现 PWM 相关属性的设置。

2）打开端口及定时器时钟

利用 RCC_APB2PeriphClockCmd（RCC_APB2Periph_GPIOA，ENABLE）；这条代码打开 GPIOA 端口的时钟，利用 RCC_APB1PeriphClockCmd（RCC_APB1Periph_TIM3，ENABLE）；这条代码打开定时器 3 的时钟。

3）完成端口模式配置

利用 GPIO_InitStructure. GPIO_Pin = GPIO_Pin_7；、GPIO_InitStructure. GPIO_Speed = GPIO_Speed_50MH；、GPIO_InitStructure. GPIO_Mode = GPIO_Mode_AF_PP；、GPIO_Init（GPIOA，&GPIO_InitStructure）；及 RCC_APB2PeriphClockCmd（RCC_APB2Periph_GPIOA，ENABLE）；这几条代码将 PA7 端口配置为推挽输出模式，50 MHz 的传输速度。

4）对定时器进行配置

通过代码 TIM_TimeBaseStructure. TIM_Prescaler = 7199；可对系统时钟进行分频，对于 STM32 其工作频率是 72 MHz，分频后定时器的工作频率为 72 MHz/（7 199 + 1）= 10 kHz，工作周期为 0.1 ms。

代码 TIM_TimeBaseStructure. TIM_Period = 499；可设置定时器的自动重装值，此时定时器的定时时间 = 定时器工作周期×（自动重装值 + 1）= 0.1 ms ×（499 + 1）= 50 ms。

代码 TIM_TimeBaseStructure. TIM_CounterMode = TIM_CounterMode_Up；用于将定时器的计数方式设置为向上计数，即定时器从 0 计数到自动重装值，然后重新从 0 开始计数并且产生一个计数器溢出事件。

在对 TIM_TimeBaseStructure 结构变量内部数据进行赋值后，通过代码 TIM_TimeBaseInit（TIM3，&TIM_TimeBaseStructure）；可完成对定时器 3 的初始化操作。

5）对 PWM 工作模式进行配置

PWM 通道的工作模式是通过代码 TIM_OCInitStructure. TIM_OCMode = TIM_OCMode_PWM2；实现的，TIM_OCMode 共有 6 种模式可以选择，如图 8 - 8 所示。

TIM_OCMode	描述
TIM_OCMode_Timing	TIM 输出比较时间模式
TIM_OCMode_Active	TIM 输出比较主动模式
TIM_OCMode_Inactive	TIM 输出比较非主动模式
TIM_OCMode_Toggle	TIM 输出比较触发模式
TIM_OCMode_PWM1	TIM 脉冲宽度调制模式 1
TIM_OCMode_PWM2	TIM 脉冲宽度调制模式 2

图 8 - 8

代码 TIM_OCInitStructure. TIM_OutputState = TIM_OutputState_Enable；用于使能 PWM 输出到端口；

代码 TIM_OCInitStructure. TIM_OCPolarity = TIM_OCPolarity_High；用来指定输出的极性为高电平；

代码 TIM_OC2Init（TIM3，&TIM_OCInitStructure）；用于完成定时器 TIM3 内 PWM 通道 2 的模式初始化操作。

代码 TIM_Cmd（TIM3，ENABLE）；用于启动定时器 TIM3，进而启动其所属的 PWM 通道 2。

在主函数中 while(1)循环内有一条 TIM_SetCompare2(TIM3,250);代码用于设置 TIM3 捕获比较 2 的寄存器值,函数 TIM_SetCompare2 的使用说明如图 8 – 9 所示。

函数名	TIM_SetCompare2
函数原形	void TIM_SetCompare2(TIM_TypeDef*TIMx, u16 Compare2)
功能描述	设置 TIMx 捕获比较 2 寄行器值
输入参数 1	TIMx: x 可以是2, 3或者4, 来选择 TIM 外设
输入参数 2	Compare2: 捕获比较 2 寄存器新值
输出参数	无
返回值	无
先决条件	无
被调用函数	无

图 8 – 9

TIM3 工作时其内部的计数值每到一个定时器周期就会加 1,当计数值小于 TIM3 设置的捕获比较 2 的寄存器值时,则 PWM 通道 2 即 PA7 端口会输出高电平,通过调用函数 TIM_SetCompare2 改变捕获比较 2 的寄存器值即可改变 PWM 通道 2 输出的占空比,任务中令捕获比较 2 的寄存器值为 250,而 TIM3 的 arr 值为 499,占空比 = 250/(499 + 1) = 50%。

在工程目录下的"HARDWARE"文件夹的"PWM"子文件夹下建立有 pwm. c 和 pwm. h 两个文件。

"pwm. h"头文件内的代码如下:

```
#ifndef _PWM_H
#define _PWM_H
#include "stm32f10x.h"
void TIM3_PWMInit(void);
#endif
```

"pwm. c"源文件内的代码如下:

```
#include "PWM.H"
void TIM3_PWMInit()
{
    GPIO_InitTypeDef GPIO_InitStructure;
    TIM_TimeBaseInitTypeDef TIM_TimeBaseInitStructure;
    TIM_OCInitTypeDef TIM_OCInitStructure;

    RCC_APB2PeriphClockCmd(RCC_APB2Periph_GPIOA,ENABLE);
    RCC_APB1PeriphClockCmd(RCC_APB1Periph_TIM3,ENABLE);

    GPIO_InitStructure.GPIO_Pin = GPIO_Pin_7;
    GPIO_InitStructure.GPIO_Speed = GPIO_Speed_50MHz;
    GPIO_InitStructure.GPIO_Mode = GPIO_Mode_AF_PP;
    GPIO_Init(GPIOA,&GPIO_InitStructure);

    TIM_TimeBaseInitStructure.TIM_Period = 500 -1;
    TIM_TimeBaseInitStructure.TIM_Prescaler =7199;
    TIM_TimeBaseInitStructure.TIM_ClockDivision = 0;
    TIM_TimeBaseInitStructure.TIM_CounterMode = TIM_CounterMode_Up;
```

```
        TIM_TimeBaseInit(TIM3, & TIM_TimeBaseInitStructure);

        TIM_OCInitStructure.TIM_OCMode = TIM_OCMode_PWM2;
        TIM_OCInitStructure.TIM_OutputState = TIM_OutputState_Enable;
        TIM_OCInitStructure.TIM_OCPolarity = TIM_OCPolarity_High;
        TIM_OC2Init(TIM3,&TIM_OCInitStructure);

        TIM_Cmd(TIM3,ENABLE);
}
```

"main. c" 源文件内的代码如下:

```
#include "sys.h"
#include "PWM.h"
int main(void)
{
    TIM3_PWMInit();
      while(1)
        {
          TIM_SetCompare2(TIM3,250);
        }
}
```

（3）效果验证

在仿真图形中，鼠标左键双击 STM32 芯片，即弹出图 8 – 10 所示界面，此时鼠标左键单击"文件夹"按钮，找到工程文件夹下 OBJ 子文件夹内编译生成的后缀名为 Hex 的文件，鼠标左键单击右上角的"OK"按钮，即完成了程序的装载。

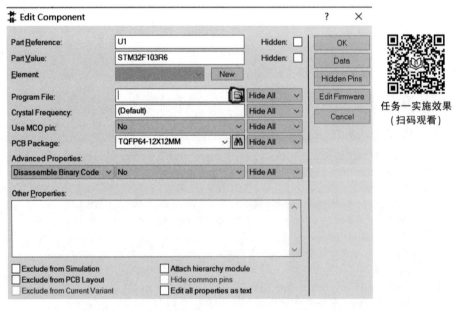

图 8 – 10

项目仿真运行时，图中又可见示波器中显示占空比为 50% 的方波信号（图 8 – 11），项目验证成功。

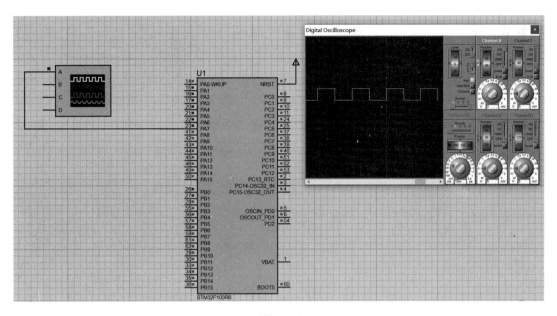

图 8－11

任务二 键控 AD 模拟调控 PWM 设计

任务目标

①掌握 PROTEUS 软件的键控 AD 模拟调控 PWM 仿真图设计方法。

②掌握 AD 模拟调控 PWM 的工作原理。

③掌握 AD 模拟调控 PWM 的程序设计方法。

任务描述

设计一个键控 AD 模拟调控 PWM 的项目，通过滑动变阻器即可调节 PWM 输出波形的占空比。

项目运行平台：PROTEUS。

软件开发平台：KEIL5.0。

MCU 芯片选用：STM32F103R6。

虚拟电压表模块：DC VOLEMETER，测试一个可调电位器上滑动端的电压，可调电位器的滑动端连接到 STM32 芯片的 PA1 端进行 AD 转换。

虚拟示波器模块：OSCILLOSCOPE，虚拟示波器的输入通道连接到 STM32 芯片的 PA7 端口，STM32 编程实现的 PWM 信号通过 PA7 端口输出后可通过示波器进行显示。

具体要求：

任务仿真运行时，仿真界面的右侧有一个电压表，可显示一个电位器中间抽头引出的电压值，电位器 1 引出的电压值由模拟通道 PA1 进行 AD 转换，虚拟示波器可看到方波信号，可通过调节电位器中间抽头控制模拟电压值，当模拟电压为 0 时，虚拟示波器观测到的方波信号占空比为 0；当模拟电压为 3.3 V 时，虚拟示波器观测到的方波信号占空比为 100% 。

任务实施

（1）电路设计

在仿真电路设计界面打开"Pick Devices"对话框，依次添加 STM32F103R6、POT - HG 等元件，随后将这些元件调入仿真绘图区，并调出 POWER、GROUND 端子及虚拟仪器（包含电压表和示波器），按如图 8 - 12 所示完成电路连线。

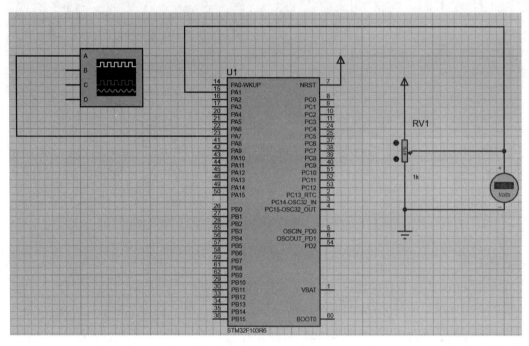

图 8 - 12

（2）软件编程

本任务是在任务一的基础上修改实现的，利用鼠标左键双击左侧项目导航区的 main. c 文件，在软件的中间区域将出现 main. c 源文件的具体内容，如图 8 - 13 所示，在 main. c 源文件中定义了两个 u16 类型的变量 pwm 和 adcx1，主函数 main 是程序的入口函数，代码从这个函数开始往下执行。在 main(void) 函数内包含了 TIM3_PWMInit( )、Adc_Init( ) 初始化函数，其中 TIM3_PWMInit( ) 初始化函数用于将 STM32F103R6 芯片的端口 PA7 配置为 PWM 模式输出，Adc_Init( ) 初始化函数用于将 PA1 端口配置为 STM32 的 ADC 端口，在 while(1) 循环体内部则调用了 adcx1 = Get_Adc(ADC_Channel_1) 函数将 PA1 端口获取的模拟电压值转为数字量存放到变量 adcx1 中，随后再利用代码 pwm = adcx1 * 500/4095；进行转换，转换后模拟电压为 0 时，则 adcx1 为 0，同时 pwm 也为 0，占空比为 0；模拟电压为 3.3 V 时，则 adcx1 为 4 095，同时 pwm 也为 500，占空比为 100% 。

在工程目录下的"HARDWARE"文件夹的"ADC"子文件夹下建立有 adc. c 和 adc. h 两个文件。"HARDWARE"文件夹的"PWM"子文件夹下建立有 pwm. c 和 pwm. h 两个文件。

```
#include "sys.h"
#include "PWM.h"
#include "adc.h"

u16    pwm;
u16    adcx1;

int main(void)
{
    TIM3_PWMInit();    //PWM初始化
    Adc_Init();        //ADC初始化
    while(1)
    {

        adcx1=Get_Adc(ADC_Channel_1);
        pwm=adcx1*500/4095;
        TIM_SetCompare2(TIM3,pwm);//设置TIM3捕获比较2寄存器值

    }
}
```

图 8 – 13

"adc. h" 头文件内的代码如下：

```
#ifndef __ADC_H
#define __ADC_H
#include "sys.h"
void Adc_Init(void);
u16  Get_Adc(u8 ch);
#endif
```

"adc. c" 源文件内的代码如下：

```
#include "adc.h"
#include "delay.h"
void  Adc_Init(void)
{
    GPIO_InitTypeDef GPIO_InitStructure;
    ADC_InitTypeDef ADC_InitStructure;
    RCC_APB2PeriphClockCmd(RCC_APB2Periph_GPIOA|RCC_APB2Periph_ADC1,EN ABLE);
    GPIO_InitStructure.GPIO_Pin = GPIO_Pin_1;
    GPIO_InitStructure.GPIO_Mode = GPIO_Mode_AIN;
    GPIO_Init(GPIOA, &GPIO_InitStructure);

    RCC_ADCCLKConfig(RCC_PCLK2_Div6);
    ADC_DeInit(ADC1);
    ADC_InitStructure.ADC_Mode = ADC_Mode_Independent;
    ADC_InitStructure.ADC_ScanConvMode = DISABLE;
    ADC_InitStructure.ADC_ContinuousConvMode = DISABLE;
    ADC_InitStructure.ADC_ExternalTrigConv = ADC_ExternalTrigConv_None;
    ADC_InitStructure.ADC_DataAlign = ADC_DataAlign_Right;
    ADC_InitStructure.ADC_NbrOfChannel = 1;
    ADC_Init(ADC1, &ADC_InitStructure);
    ADC_Cmd(ADC1, ENABLE);
}


u16 Get_Adc(u8 ch)
{
    ADC_RegularChannelConfig(ADC1, ch, 1, ADC_SampleTime_239Cycles5);
    ADC_SoftwareStartConvCmd(ADC1, ENABLE);
```

```
        while(!ADC_GetFlagStatus(ADC1, ADC_FLAG_EOC));
        return ADC_GetConversionValue(ADC1);
}
```

"pwm. h" 头文件内的代码如下：

```
#ifndef _PWM_H
#define _PWM_H
#include "stm32f10x.h"
void TIM3_PWMInit(void);
#endif
```

"pwm. c" 源文件内的代码如下：

```
#include "PWM.H"
void TIM3_PWMInit()
{
        GPIO_InitTypeDef GPIO_InitStructure;
        TIM_TimeBaseInitTypeDef TIM_TimeBaseInitStructure;
        TIM_OCInitTypeDef TIM_OCInitStructure;

        RCC_APB2PeriphClockCmd(RCC_APB2Periph_GPIOA,ENABLE);
        RCC_APB1PeriphClockCmd(RCC_APB1Periph_TIM3,ENABLE);

        GPIO_InitStructure.GPIO_Pin = GPIO_Pin_7;
        GPIO_InitStructure.GPIO_Speed = GPIO_Speed_50MHz;
        GPIO_InitStructure.GPIO_Mode = GPIO_Mode_AF_PP;
        GPIO_Init(GPIOA,&GPIO_InitStructure);

        TIM_TimeBaseInitStructure.TIM_Period = 500 -1;
        TIM_TimeBaseInitStructure.TIM_Prescaler =7199;
        TIM_TimeBaseInitStructure.TIM_ClockDivision = 0;
        TIM_TimeBaseInitStructure.TIM_CounterMode = TIM_CounterMode_Up;
        TIM_TimeBaseInit(TIM3, & TIM_TimeBaseInitStructure);

        TIM_OCInitStructure.TIM_OCMode = TIM_OCMode_PWM2;
        TIM_OCInitStructure.TIM_OutputState = TIM_OutputState_Enable;
        TIM_OCInitStructure.TIM_OCPolarity = TIM_OCPolarity_High ;
        TIM_OC2Init(TIM3,&TIM_OCInitStructure);

        TIM_Cmd(TIM3,ENABLE);
}
```

"main. c" 源文件内的代码如下：

```
#include "sys.h"
#include "PWM.h"
#include "adc.h"

u16  pwm;
u16  adcx1;
int main(void)
{
        TIM3_PWMInit();
        Adc_Init();
        while(1)
```

```
                }
        adcx1 = Get_Adc(ADC_Channel_1);
         pwm = adcx1 * 500 /4095;
        TIM_SetCompare2(TIM3,pwm);
            }
    }
```

（3）效果验证

在仿真图形中，鼠标左键双击 STM32 芯片，找到工程文件夹下 OBJ 子文件夹内编译生成的后缀名为 Hex 的文件，鼠标左键单击右上角的"OK"按钮，即完成了程序的装载。

回到仿真界面，鼠标左键单击左下角的"仿真运行"按键即可正常进入仿真状态，通过调节电位器滑动端可见当将电压调节到 1.65 V 时，虚拟示波器观测到的波形占空比约为50%（图 8 - 14），项目验证成功。

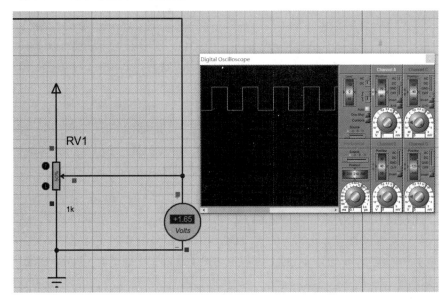

任务二实施效果
（扫码观看）

图 8 - 14

项目延伸知识点

1.1　PWM 介绍

（1）什么是 PWM

PWM 即 "pulse width modulation" 的缩写，简称脉宽调制，是利用微处理器的数字输出来对模拟电路进行控制的一种非常有效的技术。简单来说，PWM 脉宽调制就是通过对脉冲宽度的控制来实现的，即通过调节占空比的变化来调节信号、能量等的变化，占空比就是指在一个周期内，信号处于高电平的时间占据整个信号周期的百分比。

（2）PWM 的优势

PWM 的优点是从处理器到被控系统信号都是数字形式的，不需要进行数模转换，而让信号保持为数字形式可将噪声影响降到最小，噪声只有在强到足以将逻辑 1 改变为逻辑 0或将逻辑 0 改变为逻辑 1 时，才能对数字信号产生影响。对噪声抵抗能力的增强是 PWM 用于通信的主要原因，从模拟信号转向 PWM 可以极大地延长通信距离。

（3）PWM 的实现方法

PWM 可以通过 STM32 的定时器模块实现，STM32 的定时器除了 TIM6 和 TIM7 之外，其他定时器都可以用来产生 PWM 输出，其中高级定时器 TIM1 和 TIM8 可以同时产生 7 路的 PWM 输出，而通用定时器也能同时产生 4 路的 PWM 输出。

STM32 实现 PWM 信号的步骤可分为如下几个：

1）打开定时器及 GPIO 端口资源

由于 PWM 输出需要使用定时器资源，同时 PWM 信号需要通过具体的 GPIO 端口输出，因而首先需要打开定时器及 GPIO 端口资源。

2）设置 PWM 的周期

PWM 输出的是一个方波信号，信号的频率是由定时器的时钟频率和自动重装值 ARR 所决定的，对于工作频率为 72 MHz 的 STM32 芯片，当将定时器的预分频值设置为 7 199，分频后定时器的时钟频率为 72 MHz/(7 199 + 1) = 10 kHz，定时器工作周期即 0.1 ms。当定时器的自动重装值 ARR = 499 时，定时器的定时时间 = 定时器工作周期 × (自动重装值 + 1) = 0.1 ms × (499 + 1) = 50 ms，这个时间就是 PWM 信号的周期。

3）设置 PWM 的占空比

对 PWM 完成相应的寄存器设置后，通过调用函数配置定时器的 CCRX 寄存器，即可确定 PWM 方波信号的占空比，其公式为"占空比 = (TIMx_CRRx/(TIMx_ARR + 1)) * 100%"，因此，可以通过向 CCRX 寄存器中填入适当的数来输出所需的频率和占空比的方波信号。

1.2　PWM 重要寄存器介绍

（1）捕获/比较模式寄存器

捕获/比较模式寄存器共有 2 个，分别是 TIMx_CCMR1 和 TIMx_CCMR2，TIMx_CCMR1 控制 PWM 通道 1 和通道 2，而 TIMx_CCMR2 控制 PWM 通道 3 和通道 4。TIMx_CCMR1 寄存器的各位描述如图 8 - 15 所示。

15	14	13	12	11	10	9	8	7	6	5	4	3	2	1	0
OC2CE	OC2M[2:0]			OC2PE	OC2FE	CC2S[1:0]		OC1CE	OC1M[2:0]			OC1PE	OC1FE	CC1S[1:0]	
IC2F[3:0]				IC2PSC[1:0]				IC1F[3:0]				IC1PSC[1:0]			
rw	rw	rw	rw	rw	rw	rw	rw	rw	rw	rw	rw	rw	rw	rw	rw

输出比较模式：

位15	**OC2CE**：输出比较2清0使能 (Output compare 2 clear enable)
位14:12	**OC2M[2:0]**：输出比较2模式 (Output compare 2 mode)
位11	**OC2PE**：输出比较2预装载使能 (Output compare 2 preload enable)
位10	**OC2FE**：输出比较2快速使能 (Output compare 2 fast enable)
位9:8	**CC2S[1:0]**：捕获/比较2选择 (Capture/Compare 2 selection) 该位定义通道的方向(输入/输出)，及输入脚的选择： 00：CC2通道被配置为输出； 01：CC2通道被配置为输入，IC2映射在TI2上； 10：CC2通道被配置为输入，IC2映射在TI1上； 11：CC2通道被配置为输入，IC2映射在TRC上。此模式仅工作在内部触发器输入被选中时(由 TIMx_SMCR寄存器的TS位选择)。 注：CC2S仅在通道关闭时(TIMx_CCER寄存器的CC2E='0')才是可写的。

图 8 - 15

位7	**OC1CE**：输出比较1清0使能 (Output compare 1 clear enable) 0：OC1REF 不受ETRF输入的影响； 1：一旦检测到ETRF输入高电平，清除OC1REF=0。
位6:4	**OC1M[2:0]**：输出比较1模式 (Output compare 1 enable) 该3位定义了输出参考信号OC1REF的动作，而OC1REF决定了OC1的值。OC1REF是高电平有效，而OC1的有效电平取决于CC1P位。 000：冻结。输出比较寄存器TIMx_CCR1与计数器TIMx_CNT间的比较对OC1REF不起作用； 001：匹配时设置通道1为有效电平。当计数器TIMx_CNT的值与捕获/比较寄存器1(TIMx_CCR1)相同时，强制OC1REF为高。 010：匹配时设置通道1为无效电平。当计数器TIMx_CNT的值与捕获/比较寄存器1(TIMx_CCR1)相同时，强制OC1REF为低。 011：翻转。当TIMx_CCR1=TIMx_CNT时，翻转OC1REF的电平。 100：强制为无效电平。强制OC1REF为低。 101：强制为有效电平。强制OC1REF为高。 110：PWM模式1— 在向上计数时，一旦TIMx_CNT<TIMx_CCR1时通道1为有效电平，否则为无效电平；在向下计数时，一旦TIMx_CNT>TIMx_CCR1时通道1为无效电平(OC1REF=0)，否则为有效电平(OC1REF=1)。 111：PWM模式2— 在向上计数时，一旦TIMx_CNT<TIMx_CCR1时通道1为无效电平，否则为有效电平；在向下计数时，一旦TIMx_CNT>TIMx_CCR1时通道1为有效电平，否则为无效电平。 注1：一旦LOCK级别设为3(TIMx_BDTR寄存器中的LOCK位)并且CC1S='00'(该通道配置成输出)则该位不能被修改。 注2：在PWM模式1或PWM模式2中，只有当比较结果改变了或在输出比较模式中从冻结模式切换到PWM模式时，OC1REF电平才改变。
位3	**OC1PE**：输出比较1预装载使能 (Output compare 1 preload enable) 0：禁止TIMx_CCR1寄存器的预装载功能，可随时写入TIMx_CCR1寄存器，并且新写入的数值立即起作用。 1：开启TIMx_CCR1寄存器的预装载功能，读写操作仅对预装载寄存器操作，TIMx_CCR1的预装载值在更新事件到来时被传送至当前寄存器中。 注1：一旦LOCK级别设为3(TIMx_BDTR寄存器中的LOCK位)并且CC1S='00'(该通道配置成输出)则该位不能被修改。 注2：仅在单脉冲模式下(TIMx_CR1寄存器的OPM='1')，可以在未确认预装载寄存器情况下使用PWM模式，否则其动作不确定。
位2	**OC1FE**：输出比较1 快速使能 (Output compare 1 fast enable) 该位用于加快CC输出对触发器输入事件的响应。 0：根据计数器与CCR1的值，CC1正常操作，即使触发器是打开的。当触发器的输入出现一个有效沿时，激活CC1输出的最小延时为5个时钟周期。 1：输入到触发器的有效沿的作用就像发生了一次比较匹配。因此，OC被设置为比较电平而与比较结果无关。采样触发器的有效沿和CC1输出间的延时被缩短为3个时钟周期。 该位只在通道被配置成PWM1或PWM2模式时起作用。
位1:0	**CC1S[1:0]**：捕获/比较1 选择 (Capture/Compare 1 selection) 这2位定义通道的方向(输入/输出)，及输入脚的选择： 00：CC1通道被配置为输出； 01：CC1通道被配置为输入，IC1映射在TI1上； 10：CC1通道被配置为输入，IC1映射在TI2上； 11：CC1通道被配置为输入，IC1映射在TRC上。此模式仅工作在内部触发器输入被选中时(由TIMx_SMCR寄存器的TS位选择)。 注：CC1S仅在通道关闭时(TIMx_CCER寄存器的CC1E='0')才是可写的。

图 8－15（续）

如图 8–15 所示，PWM 通道可用于输入（捕获模式）或输出（比较模式），通道的方向由相应的 CCxS 定义，该寄存器其他位的作用在输入和输出模式下不同。OCxx 描述了通道在输出模式下的功能，ICxx 描述了通道在输入模式下的功能。因此必须注意，同一个位在输出模式和输入模式下的功能是不同的。

（2）捕获/比较使能寄存器（TIMx_CCER）

捕获/比较使能寄存器（TIMx_CCER）控制着各个输入输出通道的开关。这个寄存器的各位描述如图 8–16 所示。

15	14	13	12	11	10	9	8	7	6	5	4	3	2	1	0
保留		CC4P	CC4E	保留		CC3P	CC3E	保留		CC2P	CC2E	保留		CC1P	CC1E
		rw	rw			rw	rw			rw	rw			rw	rw

位15:14	保留，始终读为0。
位13	**CC4P**：输入/捕获4输出极性 (Capture/Compare 4 output polarity) 参考CC1P的描述。
位12	**CC4E**：输入/捕获4输出使能 (Capture/Compare 4 output enable) 参考CC1E 的描述。
位11:10	保留，始终读为0。
位9	**CC3P**：输入/捕获3输出极性 (Capture/Compare 3 output polarity) 参考CC1P的描述。
位8	**CC3E**：输入/捕获3输出使能 (Capture/Compare 3 output enable) 参考CC1E 的描述。
位7:6	保留，始终读为0。
位5	**CC2P**：输入/捕获2输出极性 (Capture/Compare 2 output polarity) 参考CC1P的描述。
位4	**CC2E**：输入/捕获2输出使能 (Capture/Compare 2 output enable) 参考CC1E的描述。
位3:2	保留，始终读为0。
位1	**CC1P**：输入/捕获1输出极性 (Capture/Compare 1 output polarity) **CC1通道配置为输出：** 0：OC1高电平有效 1：OC1低电平有效 **CC1通道配置为输入：** 该位选择是IC1还是IC1的反相信号作为触发或捕获信号。 0：不反相：捕获发生在IC1的上升沿；当用作外部触发器时，IC1不反相。 1：反相：捕获发生在IC1的下降沿；当用作外部触发器时，IC1反相。
位0	**CC1E**：输入/捕获1输出使能 (Capture/Compare 1 output enable) **CC1通道配置为输出：** 0：关闭—OC1禁止输出。 1：开启—OC1信号输出到对应的输出引脚。 **CC1通道配置为输入：** 该位决定了计数器的值是否能捕获入TIMx_CCR1寄存器。 0：捕获禁止； 0：捕获使能。

图 8–16

该寄存器比较简单，本项目任务一与任务二中用到了 CC2E 位，该位是输入/捕获 2 输出使能位，要想 PWM 的通道 2 从 I/O 端口 PA7 输出，这个位必须设置为 1。

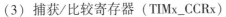

（3）捕获/比较寄存器（TIMx_CCRx）

捕获/比较模式寄存器共有 4 个，分别是 TIMx_CCR1、TIMx_CCR2、TIMx_CCR3、TIMx_CCR4。在输出模式下，这 4 个寄存器分别对应 PWM 输出通道 1~通道 4，该寄存器的值与 CNT 的值比较，根据比较结果产生相应动作。本项目任务一与任务二均用到了 TIMx_CCR2，这个寄存器的各位描述如图 8 - 17 所示。

15	14	13	12	11	10	9	8	7	6	5	4	3	2	1	0
						CCR2[15:0]									
rw	rw	rw	rw	rw	rw	rw	rw	rw	rw	rw	rw	rw	rw	rw	rw

位15:0	**CCR2[15:0]**: 捕获/比较2的值 (Capture/Compare 2 value)
	若CC2通道配置为输出:
	CCR2包含了装入当前捕获/比较2寄存器的值(预装载值)。
	如果在TIMx_CCMR2寄存器(OC2PE位)中未选择预装载特性，写入的数值会被立即传输至当前寄存器中。否则只有当更新事件发生时，此预装载值才传输至当前捕获/比较2寄存器中。
	当前捕获/比较寄存器参与同计数器TIMx_CNT的比较，并在OC2端口上产生输出信号。
	若CC2通道配置为输入:
	CCR2包含了由上一次输入捕获2事件(IC2)传输的计数器值。

图 8 - 17

本项目任务一与任务二中对 TIMx_CCR2 寄存器设置是通过调用函数 TIM_SetCompare2 实现的。函数 TIM_SetCompare2 的使用说明如图 8 - 18 所示。

函数名	TIM_SetCompare2
函数原形	void TIM_SetCompare2(TIM_TypeDef* TIMx, u16 Compare2)
功能描述	设置 TIMx 捕获/比较 2 寄存器值
输入参数 1	TIMx：x 可以是 2，3 或者 4，来选择 TIM 外设
输入参数 2	Compare2：捕获比较 2 寄存器新值
输出参数	无
返回值	无
先决条件	无
被调用函数	无

图 8 - 18

TIM3 工作时其内部的计数值每到一个定时器周期就会加 1，当计数值小于 TIM3 设置的捕获/比较 2 的寄存器值时，则 PWM 通道 2 即 PA7 端口会输出高电平，通过调用函数 TIM_SetCompare2 改变捕获/比较 2 的寄存器值即可改变 PWM 通道 2 输出的占空比，任务中令捕获/比较 2 的寄存器值为 250，而 TIM3 的 arr 值为 499，占空比 $=250/(499+1)=50\%$。

拓展任务训练

1.1 三路键控 AD 模拟调控 PWM 设计

（1）任务目标

①掌握三路键控 AD 模拟调控 PWM 仿真图设计方法。

②掌握 KEIL 软件的设计开发流程。

③掌握三路键控 AD 模拟调控 PWM 程序设计方法。

（2）任务概述

设计一个三路键控 AD 模拟调控 PWM 任务，可通过 3 个滑动变阻器独立调节 PWM 输出波形的占空比。

项目运行平台：PROTEUS。

软件开发平台：KEIL5.0。

MCU 芯片选用：STM32F103R6。

虚拟电压表模块：DC VOLEMETER，测试 3 个可调电位器上滑动端的电压，可调电位器 1 的滑动端连接到 STM32 芯片的 PC0 端进行 AD 转换，可调电位器 2 的滑动端连接到 STM32 芯片的 PC1 端进行 AD 转换，可调电位器 3 的滑动端连接到 STM32 芯片的 PC2 端进行 AD 转换。

虚拟示波器模块：OSCILLOSCOPE，虚拟示波器的输入通道 A、B、C 分别接到 STM32 芯片的 PA7、PB0、PB1 3 个 PWM 输出端。

（3）任务要求

任务仿真运行时，仿真界面的右侧有电压表 1，可显示电位器 1 中间抽头引出的电压值，电位器 1 引出的电压值由模拟通道 PC0 进行 AD 转换，虚拟示波器可看到方波信号，可通过调节电位器中间抽头控制模拟电压值，当模拟电压为 0 时，虚拟示波器 A 通道观测到的方波信号占空比为 0；当模拟电压为 3.3 V 时，虚拟示波器观测到的方波信号占空比为 100%。同理电位器 2 引出的电压值由模拟通道 PC1 进行 AD 转换，虚拟示波器 B 通道可观测到方波信号的占空比变化。电位器 3 引出的电压值由模拟通道 PC2 进行 AD 转换，虚拟示波器 C 通道可观测到方波信号的占空比变化。

（4）任务实施

对项目进行电路仿真图纸设计及软件程序编制，编译无误后可在 PROTEUS 仿真平台上进行仿真。仿真实现项目功能后，可以下载到嵌入式硬件平台上，用 3 个电位器调节模拟电压幅度后输入硬件平台，随后利用示波器观测 PWM 波形输出效果。

（5）三路键控 AD 模拟调控 PWM 设计技能考核

学号		姓名		小组成员	
安全评价	违反用电安全规定 总评成绩计 0 分		总评成绩		
素质目标	1. 职业素养：遵守工作时间，使用实践设备时注意用电安全。 2. 团结协作：小组成员具有协作精神和团队意识。 3. 劳动素养：具有劳动意识，实践结束后，能整理清洁好工作台面，为其他同学实践创造良好的环境			学生自评 （2分）	
				小组互评 （2分）	
				教师考评 （6分）	
				素质总评 （10分）	

知识 目标	1. 掌握 PROTEUS 软件的使用。 2. 掌握 KEIL5.0 设计开发流程。 3. 掌握 C 语言输入方法。 4. 掌握三路键控 AD 模拟调控 PWM 设计思路	学生自评 （10 分）	
		教师考评 （20 分）	
		知识总评 （30 分）	
能力 目标	1. 能设计三路键控 AD 模拟调控 PWM 电路。 2. 能实现项目的功能要求。 3. 能就任务的关键知识点完成互动答辩	学生自评 （10 分）	
		小组互评 （10 分）	
		教师考评 （40 分）	
		能力总评 （60 分）	

1.2 上位机远程 PWM 控制设计

（1）任务目标

①掌握 PROTEUS 软件的上位机远程 PWM 控制仿真图设计方法。

②掌握 KEIL 软件的设计开发流程。

③掌握上位机远程 PWM 控制程序设计方法。

（2）任务概述

设计一个上位机远程 PWM 控制电路，即利用上位机可以实现远程控制 PWM 电路的效果。

项目运行平台：PROTEUS。

软件开发平台：KEIL5.0。

MCU 芯片选用：STM32F103R6。

串口：发送端 PA9，接收端 PA10。

虚拟示波器模块：OSCILLOSCOPE，虚拟示波器的输入通道 A、B 分别接到 STM32 芯片的 PB0、PB1 2 个 PWM 输出端。

（3）任务要求

①项目运行后初始状态虚拟示波器 A、B 通道的 PWM 波形输出占空比均为 50%。

②上位机通过串口发送命令 01（十六进制）给 STM32 下位机，表示要修改虚拟示波器通道 A 的 PWM 波形占空比；随后发送的字节数据即要修改的占空比值，00（十六进制）表示占空比为 0，64（十六进制）表示占空比为 100。

③上位机通过串口发送命令 02（十六进制）给 STM32 下位机，表示要修改虚拟示波器通道 B 的 PWM 波形占空比；随后发送的字节数据即要修改的占空比值，00（16 进制）表

示占空比为 0，64（16 进制）表示占空比为 100。

（4）任务实施

对项目进行电路仿真图纸设计及软件程序编制，编译无误后可在 PROTEUS 仿真平台上进行仿真。仿真实现项目功能后，可以下载到嵌入式硬件平台上，利用串口线将嵌入式硬件平台与电脑上位机连接，在电脑上位机中可发送 PWM 的占空比设置命令，嵌入式硬件平台输出的 PWM 波形可通过示波器进行观测。

（5）上位机远程 PWM 控制设计技能考核

学号		姓名		小组成员	
安全评价	违反用电安全规定 总评成绩计 0 分		总评成绩		
素质目标	1. 职业素养：遵守工作时间，使用实践设备时注意用电安全。 2. 团结协作：小组成员具有协作精神和团队意识。 3. 劳动素养：具有劳动意识，实践结束后，能整理清洁好工作台面，为其他同学实践创造良好的环境			学生自评 （2 分）	
				小组互评 （2 分）	
				教师考评 （6 分）	
				素质总评 （10 分）	
知识目标	1. 掌握 PROTEUS 软件的使用。 2. 掌握 KEIL5.0 设计开发流程。 3. 掌握 C 语言输入方法。 4. 掌握上位机远程 PWM 控制设计思路			学生自评 （10 分）	
				教师考评 （20 分）	
				知识总评 （30 分）	
能力目标	1. 能设计上位机远程 PWM 控制电路。 2. 能实现项目的功能要求。 3. 能就项目的关键知识点完成互动答辩			学生自评 （10 分）	
				小组互评 （10 分）	
				教师考评 （40 分）	
				能力总评 （60 分）	

思考与练习

1. 简述 PWM 的概念及其应用特点。
2. 简述利用 STM32 实现 PWM 端口输出的设计步骤。
3. 写出 TIM2 的通道 3 配置为 PWM 通道的程序代码。
4. 简述 TIM_OCInitTypeDef 结构类型内部有哪些属性值及其各自的含义。
5. 介绍库函数 TIM_SetCompare2 的作用及其使用方法。

参 考 文 献

[1] 谭浩强. C 程序设计 ［M］. 4 版. 北京：清华大学出版社，2012.

[2] 张洋，刘军，严汉宇，等. 原子教你玩 STM32（库函数版）［M］. 2 版. 北京：北京航空航天大学出版社，2015.

[3] 刘军，张洋，严汉宇. 原子教你玩 STM32（寄存器版）［M］. 北京：北京航空航天大学出版社，2013.

[4] 张石. ARM 嵌入式系统教程 ［M］. 北京：机械工业出版社，2011.

[5] 徐爱钧，徐阳. 单片机原理及应用——基于 Proteus 虚拟仿真技术 ［M］. 2 版. 北京：机械工业出版社，2015.

[6] 张勇. ARM Cortex – M3 嵌入式开发与实践——基于 STM32F103 ［M］. 北京：清华大学出版社，2017.

[7] 孙光. 基于 STM32 的嵌入式系统应用 ［M］. 北京：人民邮电出版社，2019.

[8] 杨百军. 轻松玩转 STM32 微控制器 ［M］. 北京：电子工业出版社，2016.

[9] 卢有亮. 基于 STM32 的嵌入式系统原理及设计 ［M］. 北京：机械工业出版社，2013.